KB235115

5N의 물리학

5N의
물리학
서정아 · 조광희 공저
어림능력으로 깨우치는
중학교 과학
물리편

이담
Books

프롤로그

왜 책 제목이 5N의 물리학인가?

물리학을 연구하고 있는 과학자들은 학생들이 가져야 하는 능력 중 한 가지로 어림능력을 들고 있습니다. 어림(estimation)은 물체의 물리량을 대략 가늠하는 것을 뜻합니다. 예를 들어 '1cm의 길이'라고 할 때 그 길이가 어느 정도인지 아는 능력을 어림능력이라고 합니다.

중성자에 의한 핵반응을 발견하고, 원자폭탄을 개발한 천재 물리학자 페르미(Enrico Fermi, 1901 – 1954)는 어림능력이 매우 뛰어났던 것으로도 유명합니다. 그는 1945년 핵폭발 모의실험을 보면서 종이 한 장의 움직임을 통해 핵폭탄의 위력을 어림하였습니다. 여러 측정 장치와 복잡한 계산을 하지 않고서 불과 몇 초 만에 알아냈습니다(1945년 트리니티 핵폭탄 모의실험 관련 기록에 나옵니다).

물리학의 단위 중에 N(뉴턴)이 있습니다. 물리학의 아버지라고 불리는 아이작 뉴턴의 이름에서 딴 단위이며 힘의 크기를 나타낼 때 사용합니다. 무게는 힘의 종류 중 하나이므로 N으로 물체의 무게를 표시할 수도 있습니다. 중학교 1학년 힘 단원에서 배우는 단위인데, 이 단위를 배우고 난 학생들에게 책 무게가 몇 N인지 말해 보라고 할 때 전혀 어림하지 못하는 경우가 대부분입니다.

　과학자뿐 아니라 현대를 살아가는 모든 사람들은 일상생활에서 여러 단위를 접하고, 단위를 사용합니다. 그런데 그 단위를 외우기만 할 뿐 단위의 크기를 제대로 가늠하지 못한다면, 그것은 진짜 아는 것이 아닙니다.

　이 책은 학생들을 위한 물리학 책입니다. 그런데 계산하고 외우는 과학책은 아닙니다. 이 책을 통해 물리 개념에 대한 이해를 바탕으로 여러분의 어림능력을 길러 주고자 합니다. 여러 가지 물리량이나 단위들에 대한 어림능력이 향상되면 학생들에게 물리학은 허공에 뜬 학문이 아니라 실질적으로 와 닿는 생활의 일부가 될 것입니다. 실제로 학생들의 어림능력을 길러 주는 활동이 물리학습에 도움이 되었던 연구결과가 있습니다.[1]

　이 책의 제목은 '5N의 물리학'입니다. 중학교 3년간 배우는 과학 교과서 3권 중에서 물리학 부분의 총 무게가 대략 5N이기 때문입니다. 이 책의 어림코너에는 다양한 물체의 물리량에 관련된 내용들이 수록되어 있습니다. 여러분이 이 책을 보는 동안 다양한 물리량을 어림하는 습관을 가졌으면 하는 바람입니다.

　이를 통해 조금 더 과학에 친숙해지고, 과학을 잘 활용할 수 있을 것입니다. 어림을 못 하는 사람을 전문가라고 하기는 어렵습니다. 어림을 연습하는 것은 과학을 공부할 때 진정한 과학의 달인이 되는 필수 과정이자 지름길입니다.

---

1) 서정아(2006), 『문제해결과정에서 어림과 측정활동의 역할』, 한국학술정보.

목 차

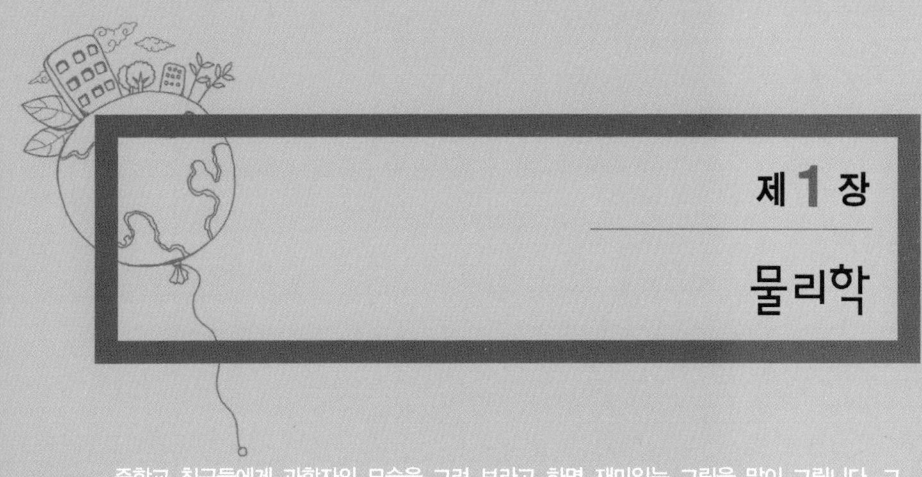

중학교 친구들에게 과학자의 모습을 그려 보라고 하면 재미있는 그림을 많이 그립니다. 그림 속 '과학자'들은 대부분 멋지고 매력적인 모습과는 거리가 멉니다. 예를 들어 얼굴을 반쯤 덮는 커다란 안경을 쓰거나, 미친 사람처럼 생겼습니다. 또 대부분 사회와 담을 쌓고 실험에 몰두하고 있는 모습으로 그려집니다. 과학자들이 하는 일은 일반 사람들과 동떨어져 있다고 학생들은 느끼나 봅니다. 그러나 과학은 우리 생활의 일부입니다. 자동차, 높은 건물, 컴퓨터, 우주정거장 등 '문명 생활'을 생각하면 떠오르는 수많은 물건들이 과학, 특히 이 책의 중심 주제인 물리학과 관련되어 있습니다.

성직자, 술주정뱅이, 과학자가 단두대에 끌려 나왔다. 성직자부터 사형집행이 시작되었다. 그런데 기적이 일어났다. 단두대의 칼날이 떨어지다가 갑자기 멈춘 것이다. 사람들은 신의 뜻인 줄로 알고 성직자를 풀어 주었다. 두 번째 술주정뱅이도 단두대에 누웠다. 두 번째의 기적도 일어났다. 이번에도 칼날이 떨어지다가 멈춘 것이다. 술주정뱅이 역시 풀려났다. 마지막 과학자가 누웠다. 단두대를 천천히 보던 그가 갑자기 외쳤다.

"뭐가 문제인지 알아냈어!"(도덜드 시머넥과 존 홀튼이 지은 웃기는 과학 중에서)

아마도 실제 과학자들이 자신들의 모습을 상상해서 그린 그림을 보거나, 단두대 우스개를 읽는다면 억울하다고 불평할 수 있습니다. 과학자도 평범한 사람이기 때문입니다. 다만 과학이라는 학문 분야에 대한 관심이 많은 것뿐입니다. 그런데 과학이 워낙 어려워 보이기 때문에 그런 학문을 하는 과학자들도 이상하게 그려지나 봅니다. 이 장에서 우리는 다소 독특한 과학자의 이미지에서 시작하여, 과학이 무엇인지, 그리고 물리학이 무엇인지에 대하여 다루고자 합니다.

단두대 우스개에서 과학자는 무서운 상황에서도 단두대의 문제점을 파악해 냅니다. 이 이야기는 물론 우스개에 불과하지만 과학자의 특징을 단적으로 보여 주는 예이기도 합니다. 과학자는 현상을 보면서 원인을 찾는 데 무척 관심이 많습니다. 단두대의 칼날이 멈추었다는 현상에서 끝나는 것이 아니라, 왜 멈추었을지를 생각하는 것이 과학자가 주로 하는 일이라는 뜻입니다.

과학자들은 '어떻게' 또는 '왜'라는 질문을 좋아합니다. 과학자는 우리 주변의 여러 가지 자연현상에 관련된 지식을 탐구하는 사람들입니다. 그들은 자연현상을 있는 그대로 보는 것에 그치지 않습니다. 낙엽이 땅으로 떨어지는 현상을 보고 낭만적으로 감상하는 것이 아니라, 얼마나 빠르게 어느 방향으로 떨어지는지를 관찰합니다. 어떻게 떨어지는지를 탐구하며, 더 나아가 왜 떨어지는지를 연구합니다. 어떻게, 그리고 왜 떨어지는지가 명확해진다면, 물체가 떨어지는 현상을 조절할 수도 있습니다. 이와 같이 과학자들은 자연현상이 일어나는 원인을 파악하고 싶어 하고, 때로는 조절하고 싶어 합니다.

과학에는 여러 분야가 있습니다. 크게 물리학, 화학, 생물학, 지구과학 등으로 나눕니다. 그중 물리학은 모든 자연현상에서 기본이 되는 법칙을 탐구하는 학문입니다. 물리학적 원리들은 물질, 생명, 우주 등을 다루는 다른 학문 분야에 적용될 수 있습니다. 이런 이유로 물리학은 모든 과학 분야의 기초 학문이라고도 할 수 있습니다.

물리학은 운동, 힘, 에너지, 원자의 내부 세계와 같은 기본적인 성질을 다루고 있습니다. 기본! 기본이란 무엇일까요? 또 기본을 탐구하는 이유는 무엇일까요?

CERN(스위스 제네바에 있는 유럽 입자가속기 연구소)에서는 최근 거대입자가속기를 만들었습니다. CERN의 거대입자가속기는 사상 최대 규모입니다. 둘레가 27km 정도이며 유럽 대륙 여러 나라의 지하를 관통하는 터널 형식으로 만들어져 있습니다. 규모가 엄청나니 건설비도 막대합니다. 많은 과학자들이 거대입자가속기의 완공을 매우 기다렸습니다. 거대입자가속기가 무엇이기에 엄청난 건설비를 들여 제작하였을까요?

거대입자가속기에서 '입자'란 사물을 이루는 기본 알갱이들을 가리킵니다. 예를 들면 원자(원자는 양성자와 전자로 이루어져 있다), 양성자, 전자, 쿼크(quark: 양성자나 전자는 쿼크로 이루어져 있다) 등을 가리킵니다. 너무 작아서 소립자라고도 합니다. 사람이든 사물이든 모든 물체는 입자들로 이루어져 있습니다. 입자가속기는 입자의 속력을 점점 가속시켰을 때 일어나는 현상을 통해 입자의 내부구조나 성질 등을 알아내는 장치입니다.

소립자에 대한 연구는 우리 사회에 큰 변화를 가져왔습니다. 원자력발전처럼 새로운 차원의 에너지 사용이 가능하게 된 것은 소립자에 대한 연구 덕분입니다. 먼 우주에 대한 연구, 새로운 유형의 양자 컴퓨터 개발 등은 이와 같은 기본적인 입자에 대한 연구의 결과이기도 합니다. 이와 같이 기본적인 것을 알아내는 물리학은 다른 분야의 혁명적인 발전에 밑거름이 됩니다.

페르미에 도전하자

물 한 방울 속 원자가 더 많을까, 아니면 지구에 사는 사람 수가 더 많을까?

① 지구에 살고 있는 사람의 수

② 물 한 방울 속 원자의 수

③ 거의 비슷하다

해답 ②

원자 한 개의 질량은 대략 1.7×10^{-24}kg이다. 물방울 한 개의 질량이 대략 0.1g 정도이므로 원자가 대략 10^{20}개 정도 모여야 물 한 방울을 형성할 수 있다. 지구상에 존재하는 세계 인구수는 대략 65억 정도이므로 10^9 정도에 해당한다. 물 한 방울 속 원자의 수가 훨씬 더 많은 것이다. 한편 우주과학자들이 추정하는 우주의 별은 대략 10^{22}개 정도, 한 컵의 물속에 들어 있는 물 분자의 개수는 별 개수의 100배 정도에 해당한다.

물리학자들이 기본이 되는 소립자만 찾으려 애를 쓰는 것은 물론 아닙니다. 물리학자들이 관심을 가지는 분야는 매우 방대합니다. 그런데 물리학자들은 여러 분야에서 단편적인 발견들을 하는 데에 만족하지는 않습니다. 그보다는 작은 발견들 속에 숨어 있는 공통적인 법칙을 찾아내려고 합니다.

"사과가 땅에 떨어진다."
"달은 지구 주위를 돈다."

이 두 가지는 모두들 잘 알고 있는 자연현상입니다. 일반 사람들은 자연현상을 아는 것으로 대개 만족합니다. 그러나 물리학자들은 여러 자연현상을 관찰하고 거기서 공통적인 법칙을 찾아내고자 하였습니다.

다음은 대표적인 물리학자라고 할 수 있는 뉴턴이 위의 두 현상에 대하여 가졌던 생각입니다.

"사과가 땅으로 떨어지는구나. 그리고 달은 지구를 중심으로 한없이 돌고 있지. 두 현상을 얼핏 보면 다르지만, 기본 원리는 같아. 지구가 사과를 당기기 때문에 사과가 땅에 떨어지는 것이고, 지구가 달을 당기기 때문에 달이 지구 주위를 도는 거야."

뉴턴은 사과가 땅에 떨어지는 현상과 달이 지구 주위를 도는 현상은 근본적으로 같은 원리라는 것을 밝혀냈습니다. 이것이 바로 만유인력의 법칙입니다. 만유인력의 법칙에서 '만유'(萬有)라는 것은 '이 세상의 모든 물체가 지닌'이라는 뜻입니다. 뉴턴의 이론에 '만유universal'라는 이름이 붙은 것은 그 이론이 세상 만물의 현상에 공통으로 적용되기 때문입니다.

모든 물체에 적용되는 법칙이므로 기본이 되는 법칙입니다. 물리학자들이 기본이 되는 이론을 추구하는 까닭은 한 가지 원리로 여러 가지를 설명할 수 있는 매력 때문입니다. 기본이 되는 이론은 그 법칙의 적용 범위가 넓어 응용력이 크다는 장점이 있습니다. 물리학자들이 기본적인 법칙을 발견한 덕택에 오늘날 우리는 과학문명 사회에서 편리하게 살 수가 있습니다.

뉴턴은 사과가 땅에 떨어지는 현상과 달이 지구 주위를 도는 현상을 하나의 이론으로 설명했습니다. 오늘날 우리는 이 이론을 응용하여 달처럼 지구 주위를 도는 인공위성을 만들었습니다. 만일 뉴턴이 사과가 지구로 떨어지는 현상이 만유인력 때문임을 밝히지 못하였다면, 인공위성을 발명할 수 없었겠지요.

버튼 하나만 누르면 시원한 바람이 나오고, 세탁기가 돌아가고, 엘리베이터로 순식간에 높은 곳에 이동하게 된 것은 전자기학이라는 물리학의 한 분야에 대한 연구 덕분이구요, 원자력발전은 현대 물리학자들의 연구 덕분에 탄생한 것입니다. 인터넷의 월드와이드 웹(www)은 거대입자가속기를 제작한 CERN에서 탄생한 아이디어입니다. 핸드폰, 의료기기, 건축기술 등 여러분의 주변에는 물리학자들의 아이디어에서 비롯된 수많은 작품들이 있답니다. 모두 기본원리에 대한 탐구 덕분에 탄생한 것입니다.

중학교 수준에서 다루는 물리학 내용

여러분이 현대 물리학을 모두 알 수도 없고, 알 필요도 없습니다. 그러나 물리학의 맛을 느껴 보고, 물리학이 우리 생활과 어떻게 연관되는지를 알 필요는 분명히 있습니다. 물리학에 대한 지식은 우리의 삶과 밀접하기 때문입니다.

중학교 과학에서 다루는 물리 내용은 다음과 같습니다. 각 분야가 어떻게 우리 생활과 관련되는지 간략하게 살펴봅시다.

첫 번째, 역학 분야dynamics입니다. 물리학에서 물체의 운동이나 운동의 원인 등을 탐구하는 한 갈래입니다. 우리는 갈릴레이에서 시작하여 뉴턴에 이르기까지 그들이 발견한 사실들을 체계적으로 배우게 됩니다. 역학 분야에 대한 학습은 모든 물리학 분야의 첫 단계입니다. 이 책에서 역학 분야는 3장 '운동'부터 5장 '힘과 운동'까지입니다.

두 번째, 에너지energy 분야입니다. 현대인들은 에너지를 사용하면서 살고 있습니다. 에너지 사용량은 문명 발달에 비례한다고 합니다. 우리는 현재 석유와 같은 화석 에너지를 이용하여 자동차를 타고 다니고 전자 제품을 씁니다. 에너지에 관련된 내용은 6장 '일과 도구'부터 7장 '에너지', 8장 '열'에 있습니다.

세 번째, 전자기electromagnetism 분야입니다. 전기는 이제 우리 생활에서 뗄 수가 없습니다. 한두 시간만 정전이 되어도 우리는 매우 불편합니다. 컴퓨터, 에어컨, 보일러 등을 전혀 쓸 수가 없습니다. 전자기 분야에 대한 학습은 전기 문명 세대를 살고 있는 우리에게 필수적입니다. 9장 '전기'부터 11장 '자기'가 이 분야에 해당됩니다.

네 번째, 파동wave 분야입니다. 빛과 소리는 파동의 일종입니다. 우리는 파동을 통해 보기도 하고, 듣기도 합니다. 핸드폰을 사용하거나 무선 인터넷을 쓸 수 있는 것도 모두 파동의 원리와 관련됩니다. 12장부터 14장까지 파동에 관한 내용을 다룹니다.

물리학이 어려운 이유 중 하나는 물리학 용어들 때문입니다. 게다가 같은 단어라도 물리학에서 쓸 때는 일상생활에서 쓸 때와 뜻이 다릅니다.

예를 들어 국어사전에서 '힘'이라는 단어를 찾으면 여러 뜻이 나옵니다.

- 사람이나 동물이 몸에 갖추고 있으면서 스스로 움직이거나 다른 물건을 움직이게 하는 근육 작용. ≒파워.
- 일이나 활동에 도움이나 의지가 되는 것.
- 어떤 일을 할 수 있는 능력이나 역량.
- 개인이나 단체를 통제하고 강제적으로 따르게 할 수 있는 세력이나 권력.

그런데 위의 설명 중 물리학에서 사용하는 힘의 개념에 해당하는 설명은 없습니다. 물리학에서 '힘'은 일상생활 중에서 사용하는 힘이 아니기 때문입니다. 다행히 국어사전에서 물리학적 의미의 힘을 다음과 같이 적어 주기도 합니다.

따라서 물리학을 잘하기 위해서는 물리학 용어의 뜻을 정확하게 파악하는 것이 중요합니다. 용어에 대한 정확한 이해는 물리학 공부에 큰 도움이 됩니다.

다음은 중학교 교과서에 나오는 물리 개념들 목록입니다. 아래에 열거한 단어 중 잘 알고 있는 단어에 O 표시해 보세요. 그리고 처음 들어 본 단어에는 √라고 표시해 보세요. 책을 모두 읽고 난 후 다시 한 번 O와 √를 표시하여 그 수가 어떻게 바뀌었는지 비교해 보세요. 혹시 기억이 안 나거나 잘 모르는 단어는 본문을 읽으면서 다시 한 번 확인해 보세요.

<동역학 분야>

새로운 단어	읽기 전	읽은 후	새로운 단어	읽기 전	읽은 후
뉴턴	☐	☐	전기력	☐	☐
등속운동	☐	☐	중력	☐	☐
마찰력	☐	☐	탄성력	☐	☐
속력	☐	☐	평균속력	☐	☐
원운동	☐	☐	합력	☐	☐
자기력	☐	☐	힘	☐	☐
작용점	☐	☐	힘의 합성	☐	☐

<에너지 분야>

새로운 단어	읽기 전	읽은 후	새로운 단어	읽기 전	읽은 후
도르래	☐	☐	운동에너지	☐	☐
발열량	☐	☐	위치에너지	☐	☐
에너지	☐	☐	일	☐	☐
에너지전환	☐	☐	일률	☐	☐
역학적 에너지	☐	☐	일의 원리	☐	☐
열에너지	☐	☐	줄	☐	☐
와트	☐	☐			

<전자기 분야>

새로운 단어	읽기 전	읽은 후	새로운 단어	읽기 전	읽은 후
검전기	☐	☐	전력	☐	☐
도체, 부도체	☐	☐	전력량	☐	☐
마찰전기	☐	☐	전력량계	☐	☐
볼트	☐	☐	전류	☐	☐
암페어	☐	☐	전류계	☐	☐
양성자	☐	☐	전압	☐	☐
옴	☐	☐	전압계	☐	☐
옴의 법칙	☐	☐	전원장치	☐	☐
자기력	☐	☐	전자	☐	☐
자기력선	☐	☐	전자기력	☐	☐
자기장	☐	☐	전자석	☐	☐
저항	☐	☐	전하	☐	☐
전기에너지	☐	☐	절연체	☐	☐
전동기	☐	☐	정전기유도	☐	☐

<파동>

새로운 단어	읽기 전	읽은 후	새로운 단어	읽기 전	읽은 후
골	☐	☐	분산	☐	☐
굴절	☐	☐	빛	☐	☐
굴절각	☐	☐	빛의 합성	☐	☐
렌즈	☐	☐	오목렌즈	☐	☐
마루	☐	☐	입사각	☐	☐
무지개	☐	☐	주기	☐	☐
반사	☐	☐	진동수	☐	☐
반사각	☐	☐	진폭	☐	☐
반사법칙	☐	☐	파동	☐	☐
볼록렌즈	☐	☐	파장	☐	☐

O의 개수:　　　　　　　　　　　　　√의 개수:

● 논술·서술형을 대비하라!

1. 물리학은 어떤 분야를 탐구하는 학문인가?
2. 중학교에서 다루는 물리학 분야 중 여러분의 관심을 더 끄는 분야가 있는가?

해답

1. 물리학은 운동, 힘, 에너지, 원자의 내부 세계와 같이 자연의 기본 성질을 다루는 학문이다.
2. 역학, 에너지, 전자기학, 빛과 파동 중 여러분의 관심을 조금 더 끄는 분야를 적어 보자.

제 2 장

물리학을 배울 때 중요한 것들

음식을 먹기 위해 젓가락이 필요합니다. 젓가락을 다루는 것은 처음에는 어렵지만 점점 쉬워지고 편리해집니다.

물리학을 배울 때에도 몇 가지 필요한 기능들이 있습니다. 단위를 사용하거나, 그래프를 그리거나 어림을 하는 등입니다. 이런 것들은 처음에는 익숙지 않아 물리학을 배우는 것을 더 어렵게 하지만 나중에는 물리학을 이해하고 다루는 데 큰 도움을 줍니다. 마치 젓가락질이 처음에는 어색하여 오히려 음식 먹기를 불편하게 하지만 나중에는 매우 편리하고 유용한 것처럼 말입니다.

단 위

　물리학 공부를 할 때 단위를 알고 올바르게 사용하는 것은 매우 중요합니다. 다음은 피식이가 등산할 때 겪은 일입니다.

　등산객이 피식이를 골탕 먹이기 위해 거짓말을 한 것일까요? 물론 아닙니다. 피식이가 등산객의 '조금'이라는 단어를 잘못 해석한 것이지요. 피식이처럼 낭패를 당하지 않기 위해 우리는 좀 더 객관적이고 구체적인 단위를 사용할 필요가 있습니다. 피식이가 "조금이라고 말씀하시면 헷갈립니다. 몇m나 몇 시간이라고 말씀해 주실래요?"라고 물어보았더라면 좀 더 정확한 정보를 알게 되었을 것입니다.

　사실 단위를 정하여 사용한 것은 아주 오래전부터랍니다. 우리나라도 삼국시대에 되, 말, 자, 척과 같은 단위를 이미 사용했습니다. 그런데 문제가 생겼습니다. 단위가 나라마다 혹은 지역마다 달랐던 것입니다. 따라서 국제회의에서 국제적으로 사용할 단위계를 정하기에 이르렀습니다.

국제단위계(SI 단위계)는 1960년 제11차 국제도량형총회에서 채택하여 사용하고 있는 단위계를 뜻합니다. 한국에서는 1959년 미터협약에 가입하고, 1961년 계량법을 제정한 후, 1964년 미터법 전면시행에 들어갔습니다.

그런데 습관이 무섭긴 합니다. 현재까지도 여전히 사람들은 '근', '홉', '돈', '평' 등의 단위를 사용하고 있거든요. 그래서 2007년 산업자원부에서 미터법 강제 시행을 발표하고, 단속을 하기로 결정하였어요. 서로 정확하게 의사소통을 하기 위해 단위를 통일할 필요가 있습니다.

시장에서 '근'이라는 단위를 자주 사용하는데, 사실 참 애매한 단위이긴 합니다. 야채의 한 근과 고기 한 근, 그리고 과일 한 근이 다르거든요. 야채는 한 근에 200g이고, 고기는 한 근이 600g이랍니다. 그리고 과일 한 근이면 400g입니다. 이런 혼란스러운 단위를 고집하는 것보다는 SI 단위계를 사용하는 것이 더 나을 것 같긴 하지요?

다음 장의 퀴즈에서 제시한 5개의 물리량은 SI 단위계에서 정해 놓은 기본 물리량[2]입니다. 그리고 단위를 쓸 때는 대개 소문자로 씁니다. 그렇지만 사람 이름을 딴 단위는 첫 글자를 대문자로 시작합니다. 그 외에도 중학교 수준에서 다루어지는 몇 가지 물리량의 단위들은 책 본문에서 자세히 설명하겠습니다. 본문을 읽어 가면서 단위를 하나씩 알아 나가기 바랍니다. 단위의 사용은 물리학에서 매우 중요합니다.

---

[2] SI 단위계의 7대 기본 물리량에는 길이, 시간, 질량, 전류, 온도 외에 물질량, 광도가 더 포함되어 있다. 그러나 물질량, 광도 두 물리량은 중학교 수준을 벗어나므로 생략한다.

페르미에 도전하자

1. 길이의 단위는 m(미터)이다. 다음 중 1m에 가장 가까운 것은 무엇일까?

① 중학교 학생의 평균키

② 중학생의 손 두 뼘

③ 중학생의 발에서 배꼽까지의 높이

2. 시간의 단위는 s(초)이다. 짧은 시간을 '눈 깜짝할 새'라고 하는데 대략 몇 초에 가장 가까울까?

① 0.0003초   ② 0.03초   ③ 3초

3. 질량의 단위는 kg(킬로그램)이다. 다음 중 1kg에 가장 가까운 것은 무엇일까?

① 두 살 아이   ② 사과 1개   ③ 500ml짜리 생수 2병

4. 전류의 단위는 A(암페어)이다. 다음 중 1A의 전류가 1초간 몸에 흘렀을 때 일어나는 현상은 무엇일까?

① 약간 간지럽다

② 불쾌하고 짜증이 난다

③ 이미 저세상 사람이 되어 있다

5. 온도의 단위는 K(켈빈)이다. 섭씨온도(℃)에 273℃만 더하면 K 온도가 된다. 다음 중 목욕탕의 온탕 온도에 가장 가까운 것은?

① 273K   ② 313K   ③ 353K

1. ③, 중학생 평균키가 대략 160cm. 발에서 배꼽까지가 1m 정도이다.
2. ②, 사람이 눈을 깜빡거리는 데 걸리는 시간이 0.03초 정도이다.
3. ③, 물 1L의 질량이 1kg이다.
4. ③, 1A는 매우 큰 전류이다. 사람의 몸에는 100mA만 흘러도 치명적이다.
5. ②, 목욕탕 온탕 온도가 대략 40℃이므로 절대온도로 환산하면 40＋273＝313K 정도이다.

학생들이 물리를 포기하는 이유 중의 하나가 바로 공식때문입니다. 공식을 관계식이라고도 부르고, 수식이라고도 합니다. 공식은 여러 물리량 사이의 관계를 간략하게 나타낸 식입니다.

그런데 공식은 그리 친근해 보이지는 않습니다. 도대체 물리학에서 공식은 왜 등장해서 사람들을 괴롭히는 것일까요?

$$S = vt \qquad F = ma$$
$$V = RI \qquad P = VI$$
$$E = 9.8mh \qquad E = 0.5mv^2$$

공식들은 왜 등장해서 사람들을 괴롭히는 걸까?

예를 들어 높은 곳에서 떨어지는 물체를 생각해 봅시다. 몇 초 후에 떨어질까요? 아주 높은 곳이라면 떨어지는 데 걸리는 시간이 오래 걸리겠지요? 떨어지는 높이가 높을수록 시간이 오래 걸린다는 것은 예상할 수 있습니다. 그러나 정확히 얼마나 걸릴까요?

과학자들이 이 문제를 해결하였습니다. 물체가 떨어지는 시간과 떨어지는 거리를 측정하여 이 관계를 공식으로 나타낸 것입니다. 떨어진 거리(S)는 시간(t)의 제곱에 비례합니다. 즉 다음 식이 성립합니다.

$$S = \frac{1}{2} \times 9.8 \times t^2$$

이 공식은 여러 모로 유용합니다. 물체의 높이를 알면 바닥까지 떨어지는 데 몇 초가 걸리는지 미리 계산할 수 있기 때문입니다. 공식이 없다면 쉽게 알기 어렵겠지요?

SF영화를 보면 지구로 떨어지는 물체가 얼마 후 지표면에 부딪치는지 컴퓨터가 미리 알려 주는 장면이 나옵니다. 떨어지는 거리와 시간의 관계를 알려 주는 공식을 이용하여 컴퓨터가 바로 계산한 것입니다. 현재 많은 군사 무기들은 컴퓨터로 작동합니다. 레이더 등을 이용하여 거리를 알아낸 후 자동으로 공식에 대입하여 각도를 계산합니다. 제아무리 인간을 대신해서 계산해 주는 컴퓨터라고 할지라도 만일 공식이 없었다면 이런 계산을 할 수 없었겠지요? 이처럼 공식은 자연현상을 쉽게 예측할 수 있도록 만들어 줍니다.

공식은 단어로 표현할 수도 있고, 기호로도 표현이 가능합니다. 단어로 표현하면 알아보기가 쉽고, 기호로 표현하면 암기나 응용에 편리합니다.

$$\text{거리} \ = \ \frac{1}{2} \times 9.8 \times \text{시간}^2 \qquad\qquad S \ = \ \frac{1}{2} \times 9.8 \times t^2$$

공식을 기호로 표현할 때 이탤릭체를 사용하는 것이 원칙입니다. 정자체로 쓰는 단위와 구별하기 위해서랍니다. 예를 들어 정자체 m은 거리를 뜻하는 '미터(meter)'이지만 이탤릭체 m은 '질량(mass)'을 뜻하는 기호입니다.

공식의 또 다른 역할은 물리학 이론을 발전시키는 것입니다. 맥스웰(James Clerk Maxwell, 1831 – 1879)은 원래 수학을 연구하던 사람이었습니다. 그런데 그 당시 전기 분야에 관련된 과학자들의 연구 결과를 보면서 그 결과를 간단한 4개의 관계식으로 표현했습니다. 그의 관계식은 과학계에 엄청난 충격을 가져왔습니다. 그의 관계식을 변형하고, 종합하면서 과학자들은 빛의 속력이 얼마인지 계산할 수 있었던 것입니다. 이처럼 관계식을 바탕으로 새로운 과학적 발견을 하는 경우가 물리학 역사에 종종 있었습니다.

아름다운 그림은 보는 이의 마음에 여유를 주고 감동을 줍니다. 아래 그림은 어떤가요?

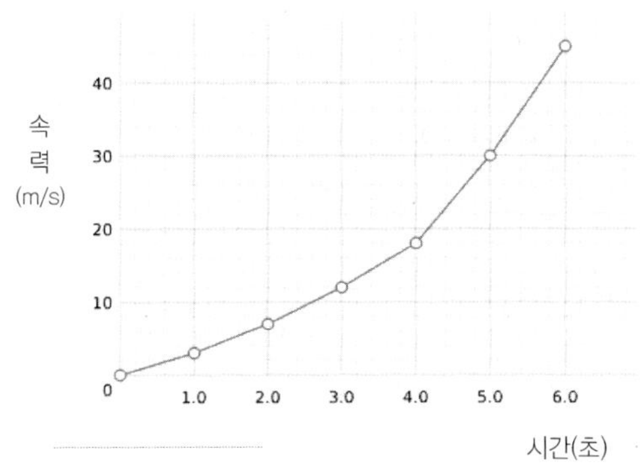

그래프를 보면서 마음의 여유를 느끼거나 감동을 받는 사람은 별로 많지 않을 것 같습니다. 그래프(graph)는 그래픽(graphic)과 같은 어원을 가진 말로, 그림의 일종이기는 하지만 분명 감동을 주기 위한 예술 작품은 아닙니다. 그렇다면 그래프는 무엇을 위해 개발된 것일까요?

어떤 학생이 하루 동안 2시간마다 기온을 측정하여 기록하였습니다. 그리고 그 기록을 표에 다음과 같이 나타냈습니다.

시간 (시)	0	2	4	6	8	10	12	14	16	18	20
기온 (℃)	15	14.5	14.3	14	17	20	22	25	24	23	21

표를 보면 숫자들만 나열되어 있어서 무얼 말하는지 쉽게 알 수가 없습니다. 그런데 그래프를 그리면 많은 것이 달라집니다.

〈그림 1〉

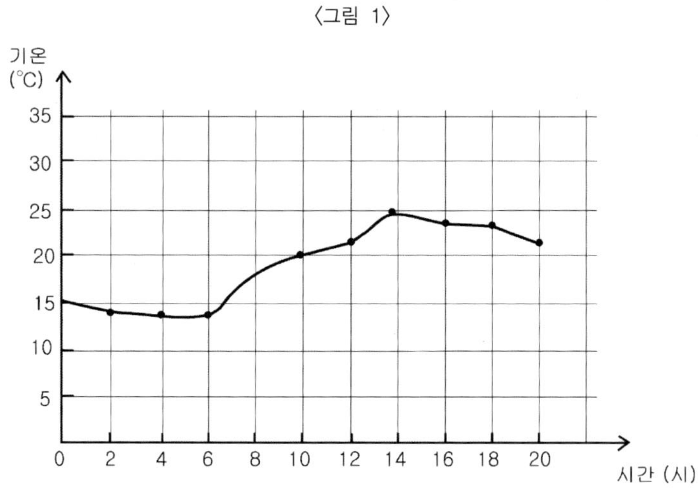

이 그래프를 통해 쉽게 파악할 수 있는 사실들을 나열해 봅시다.
- 6시에 가장 기온이 낮다.
- 14시에 가장 기온이 높다.
- 0시에서 6시까지는 기온 변화가 거의 없다.
- 6시 이후로는 기온 변화가 크다.
- 6시부터 14시까지는 기온이 증가한다.
- 14시 이후에는 기온이 내려간다.

30

- 14시 기준으로 기온이 내려가는 정도가 올라가는 정도보다 느리다.

　물론 이 사실들은 표를 통하여도 알 수 있기는 하지만 그래프를 보았을 때 더 쉽게 파악됩니다. 그래프는 물리학뿐 아니라 거의 모든 분야에서 두루 사용됩니다. TV 프로그램에서도 그래프를 종종 볼 수 있습니다. 많은 정보를 쉽고 빠르게 전달하는 방법이 바로 그래프이기 때문입니다.

　자와 종이만 있으면 누구나 그래프를 깔끔하게 완성할 수 있습니다. 그래프에는 여러 종류가 있지만, 물리량 사이의 관계를 나타내기 위해서 주로 사용하는 선 그래프를 그려 봅시다. 다음 표는 수레가 빗면을 미끄러질 때 떨어지는 시간과 내려간 거리를 나타낸 것입니다. 시간에 따른 낙하 거리의 그래프(시간-거리 그래프)를 그려 봅시다.

떨어지는 시간(초)	0.10	0.15	0.20	0.25	0.30	0.35	0.40
낙하 거리(cm)	4.9	11.0	19.6	30.6	44.1	60.0	78.4

준비물: 펜, 자

① 가로축과 세로축에 화살표를 그린다.

② 가로축, 세로축의 이름을 표시한다.

③ 가로축, 세로축 화살표의 구간을 나누고 숫자를 적는다.

④ 가로축에 해당하는 값과 세로축에 해당하는 값이 만나는 곳에 점을 찍어 나간다.

⑤ 표시된 점들을 부드럽게 이으면 선 그래프가 완성된다.

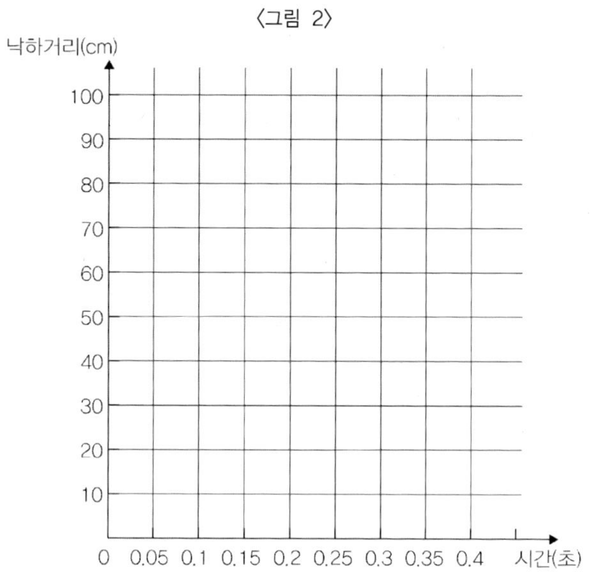

〈그림 2〉

다음은 학생들이 위의 표와 설명을 읽고서 그린 그래프입니다. 동일한 내용의 그래프지만 그 모습은 사뭇 다릅니다. 왜 이런 일이 생긴 것일까요?

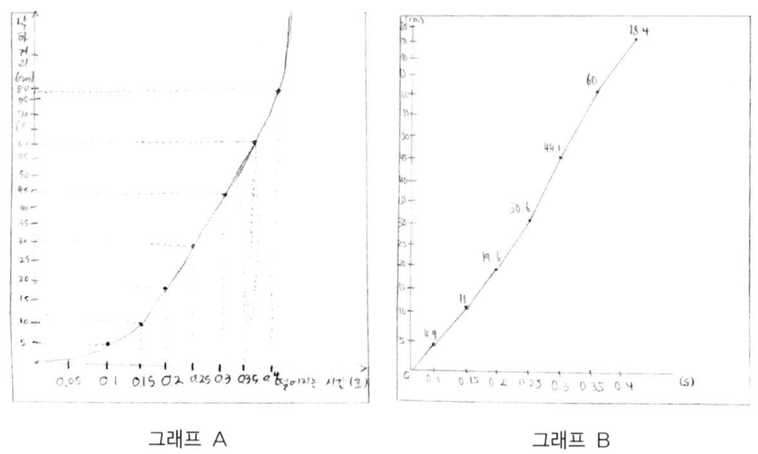

그래프 A   그래프 B

그래프 A와 B는 동일한 표를 보고 그린 것입니다. 그런데 그래프의 모양이 좀 달라 보입니다. 그래프 A가 올바르게 그린 것입니다. 그래프 B는 무엇이 문제였을까요? 그래프 B를 보면 세로 축 눈금 사이의 간격이 일정하지가 않습니다. 그래서 그래프 A와 같은 모양이 나오지 않았습니다. 그래프를 그릴 때 눈금 사이의 간격이 일정해야 합니다.

또 다른 예를 봅시다. 그래프 C의 모양은 그래프 A, B와 전혀 다릅니다.

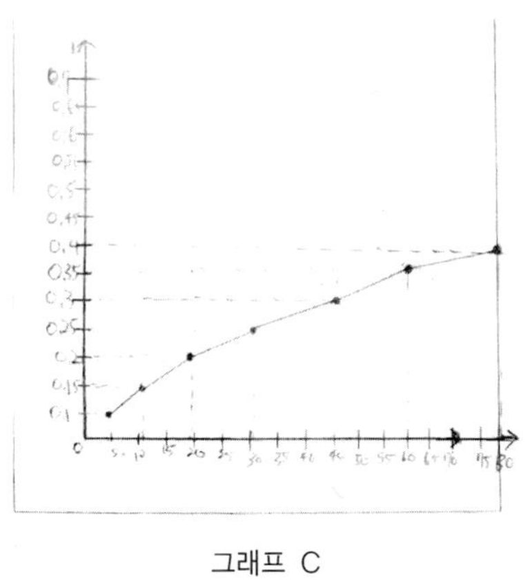

그래프 C

왜 이렇게 나타난 것일까요? 자세히 보면 그래프 C의 x, y 축은 나타나는 내용이 A, B와 반대입니다. x 축에 낙하거리를, y 축에 시간을 표시하였습니다. x, y 축의 내용이 뒤바뀌면 그래프 모양이 전혀 다르게 나타납니다.

그래프 A, B, C를 보면 알 수 있듯이 축의 내용을 정하고, 눈금 간격을 일정하게 해야 올바른 모양의 그래프를 그릴 수 있습니다.

아래의 그래프 D와 E는 좀 다른 실수를 한 예입니다. 그래프 D는 불필요한 여백을 많이 두었습니다. 측정값이 없는 구간을 그래프에 포함시켜서, 전체적으로 볼 때 중요한 측정값이 구석에 몰려 있습니다. 그래프 E는 점을 찍고 서로 이어 주지를 않았습니다. 그래프가 미완성되어 이상하게 보입니다. 이 그래프로는 한눈에 물리

량의 변화를 볼 수 없습니다. 그래프 D나 E와 같이 그리지 않도록
해야 합니다. 그래프를 그리는 목적(물리량의 변화를 한눈에 보여
줌)을 항상 생각하면서 그리는 습관을 들이도록 합시다.

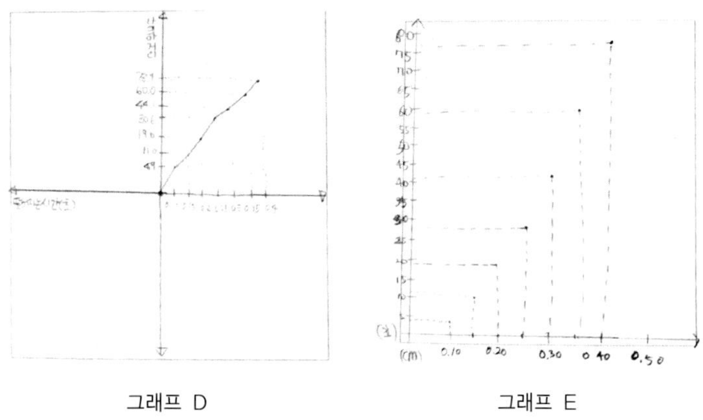

그래프 D   그래프 E

34

어 림

우리는 생활하면서 자주 어림을 하게 됩니다. 예를 들어 높은 건물을 보면 '저 건물의 높이가 어느 정도일까?'라는 질문이 떠오릅니다. 학교에서는 '수업 시간이 얼마나 지났을까?', '저 친구 몸무게는 얼마일까?', '내 힘이 얼마나 셀까?' 등이 궁금해질 때가 있습니다.

사실 과학자들이 어떤 것에 대하여 궁금증을 가지게 될 때 제일 처음 머리에 드는 생각 중 하나가 어림입니다. 예를 들어 원자라는 것을 생각해 낸 과학자들은 그렇다면 '원자의 질량은 얼마일까?'라는 어림질문을 합니다. 그리고 그 어림문제를 해결하기 위해 원자에 대한 여러 연구를 합니다.

생물학자들은 '인간 몸속에는 세포가 몇 개나 있을까?' '또 세포 내부에서 유전을 결정하는 유전자의 수는 도대체 몇 개 정도일까?' 등을 궁금해합니다. 처음에 생물학자들은 매우 엉뚱한 값을 어림하지만, 점점 과학이 발전하면서 어림값은 참값에 가까워집니다.

지구와 우주에 대하여 연구하는 과학자들은 '우주에 별은 몇 개일까?', '우주에 우리와 같은 생명체가 얼마나 살고 있을까?' 등을 질문합니다. 과학자들은 그 수를 어림하기 위해 '드레이크 방정식'이라는 식을 세워 보는 등 구체적인 노력을 계속하고 있습니다.

그런 과정을 통하여 우주의 비밀이 점점 밝혀지는 것이지요.

과학자들이 실험을 할 때에도 어림능력은 매우 중요합니다. 어림을 잘 하면 실험 계획을 하거나 기구를 선택할 때에도 효율적으로 할 수 있습니다. 또 실험의 결과를 예상할 때에도 남들보다 잘 하기 때문에 실험이 잘못되어도 실패한 까닭을 남들보다 쉽게 발견합니다. 따라서 뛰어난 물리학자들 중에는 어림능력으로 유명한 사람들이 많습니다. 이와 같이 어림은 과학의 발전과정에서 중요한 역할을 해 왔습니다.

그런데 어림은 과학자들에게만 중요한 것은 아닙니다. 여러분들이 물리학을 공부할 때도 어림은 여러분의 물리학 개념이나 실험 능력과 밀접하게 연관되어 도움을 주게 될 것입니다. 예를 들어 공이 떨어지는 속력이나 자동차가 이동하는 속력 등을 어림하라고 할 때 어림을 잘 못한다면, 속력에 대하여 불완전하게 이해했다는 것을 의미합니다. 어떤 물리량을 학습하게 되면 그 물리량을 자기 것으로 만들기 위해 어림을 연습해 보세요. 속력을 어림할 수 있는 사람은 여러 상황에서 속력의 개념을 쉽게 적용할 수 있을 것입니다.

자나 저울 등이 없이도 물리량을 어림하는 능력은 공부뿐 아니라 생활에도 도움이 됩니다. 여러분, 어림에 한번 도전해 보세요. 이 책의 각 장에는 어림을 잘 하던 과학자 페르미의 이름을 따서 '페르미에 도전하자'라는 어림과제들이 나옵니다. 충분히 생각해 보고 읽어 보면 많은 도움이 될 것입니다.

1. 우리가 SI 단위계를 사용해야 하는 이유는 무엇일까?

2. 물리학자들은 공식을 만들어 놓았다. 공식을 왜 만드는 것일까? 공식의 장점은 무엇인가?

3. 그래프를 그릴 때 주의사항을 생각나는 대로 적어 보자.

해답

1. 단위의 통일은 혼동을 없애 준다. 전 세계적으로 공통의 단위를 사용하면 국가 간 혼란을 방지할 수 있다.
2. 공식은 예측이나 적용을 쉽게 할 수 있도록 도와주고, 그 범위를 확대해 준다. 또 물리학 이론의 발전 방향을 제시하기도 한다.
3. 가로축, 세로축이 무엇인지 결정하고 그려야 한다. 구간을 나눌 때에는 일정한 간격으로 해야 한다. 불필요한 여백을 두지 않도록 하고 점을 찍은 후에는 선으로 연결하자.

운 동

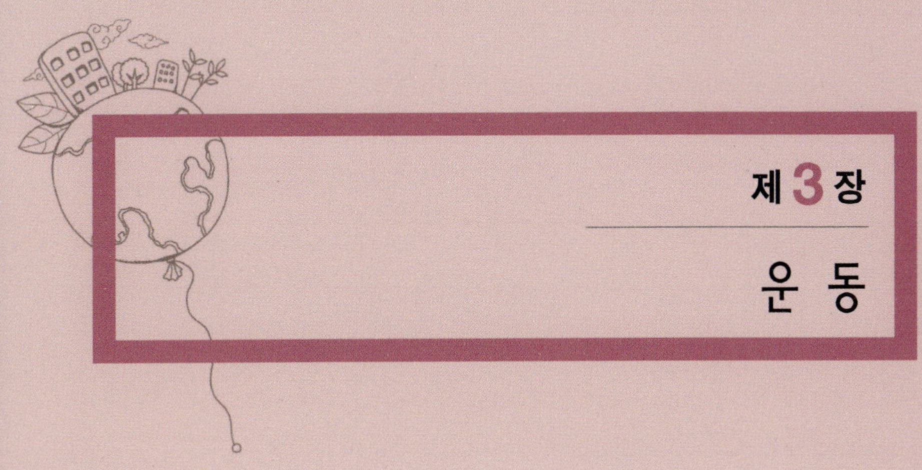

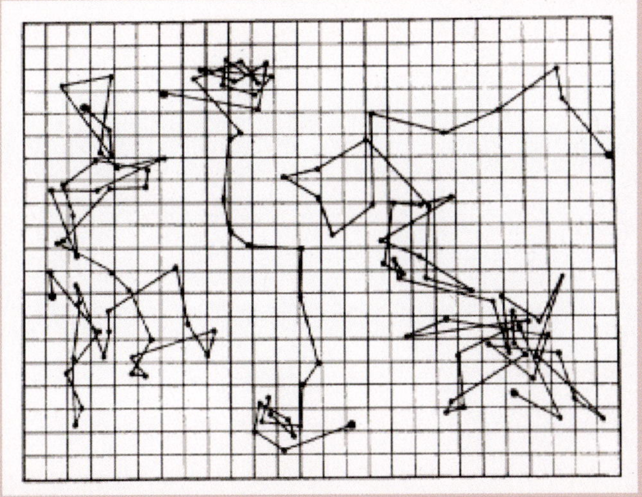

콜로이드입자의 움직임

이 그림은 가만히 놓인 용액 속에서 0.53 μm의 콜로이드 입자의 움직임을 현미경으로 관찰하여 30초마다 위치를 표시하고 그림으로 나타낸 것입니다. 우리 주변에는 무수히 많은 것들이 움직이고 있습니다. 가만히 놓인 용액조차도 이처럼 산만한 움직임을 하고 있습니다. 자연현상을 이해하기 위해 우리는 움직임이 무엇인지, 그리고 움직임을 어떻게 표현해야 하는지 알아야 할 것입니다.

위 치

　해변에 서 있는 여러분에게 '캐리비안의 해적'(월트 디즈니 픽처스 제작)의 주인공인 잭 스패로우가 다가와 보물지도를 주었다고 상상해 봅시다. 그 지도를 통해 보물의 위치를 알아낸다면 여러분도 큰 부자가 될 수 있습니다. 그런데 보물지도에 방향 표시도 없고, 거리 표시도 없고, 기준이 되는 지점[3]이 어디인지도 나타나 있지 않다면 여러분은 황당할 것입니다. 그런 지도를 가지고 보물을 찾으려면 아마도 평생 세계 곳곳을 헤매며 다녀야 할 것입니다. 반면 기준점이 정확히 표시되어 있고, 보물이 있는 곳까지의 거리와 방향이 나타나 있는 지도를 받는다면 보물을 찾기가 훨씬 쉬워집니다.

　이처럼 우리가 사물의 위치를 정확히 알고 나타내려면 세 가지 중요한 요소가 필요합니다. 기준점, 방향, 거리입니다. 이 중 한 가지라도 빠지면 위치를 정확히 나타낼 수가 없습니다. 기준점, 방향, 거리는 위치의 세 요소입니다.

　어느 날 피식이네 집으로 택배 아저씨가 전화를 했습니다. 피식이는 자신의 집을 전화로 안내해 주어야 합니다. 피식이네 집의 위치를 알려 주기 위한 전화 통화 내용입니다. 위치의 세 가지 요

---

3) 지하철 지도를 보면 찾기 쉽게 여러분의 현재 위치를 표시해 놓기도 합니다. 이 경우 현재 위치가 기준점의 역할을 하는 것이지요.

소인 기준점, 방향, 거리가 드러나 있습니다.

> 택배아저씨: 피식 군 앞으로 택배가 있는데요. 집 위치 좀 알려 주세요.
> 피식: 거기가 어딘데요?
> 택배아저씨: AA역이거든요. (AA역이 기준점임을 밝힌다)
> 피식: AA역에서 BB역 방향으로 나와서 쭉 걸어오면 돼요. (방향을 설명하고
> 있다.)
> 택배아저씨: 얼마나 걸어야 하나요?
> 피식: 대략 200m 정도 걸으면 돼요. (거리를 말해 주고 있다.)

요즘은 위치를 정확히 파악하기 위해 인공위성을 이용하기도 합니다. 인공위성에서 보내온 전파들을 분석하여 실시간으로 자신의 위치를 알아내는 장치(GPS)가 개발되었거든요. 이 장치는 원래 군사용으로 개발된 것인데, 현대에는 많은 사람들이 이용하고 있습니다. 자동차에 장치하여 길 안내를 받기도 하구요, 미아를 방지하기 위해 자녀의 핸드폰에 장착하기도 합니다. 자신의 위치를 정확히 알고 다른 사람에게 알려 줄 수 있으면 여러모로 쓸모가 있습니다.

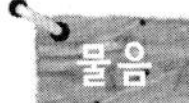

어떤 사람이 학교의 위치를 설명하기 위해 다음과 같이 말하였다.
"학교는 병원으로부터 100m 떨어진 곳에 있습니다."
이 설명에서 부족한 것은?

해답

위치를 정확히 표현하기 위해서는 기준점, 방향, 거리가 필요하다. 위의 설명에서는 방향이 빠져 있다.

우리 주변에는 많은 물체들이 잠시도 쉬지 않고 움직이고 있습니다. 가만히 놓인 컵 속의 물도 사실은 정지해 있지 않습니다. 물에 잉크 한 방울을 떨어뜨리고 관찰해 보면 잉크가 퍼지는 모습을 볼 수 있습니다. 사실 이 세상에서 움직이지 않고 있는 것은 없다고 해야 될 것입니다. 여러분이 믿기는 어렵겠지만 정지해 있는 바위 덩어리라도 바위를 이루는 소립자들은 쉴 새 없이 제자리에서 진동하고 있기 때문입니다.

물리학에서 말하는 운동은 이와 같은 모든 형태의 움직임을 의미합니다. 공이 아래로 떨어지거나 자동차 바퀴가 굴러가는 것은 모두 운동의 예입니다. '운동이 몸에 좋다.'라고 말할 때에 운동이란 축구나 에어로빅, 조깅처럼 몸을 움직이는 것을 뜻합니다. 그러나 물리학에서 말하는 운동은 시간에 따라 위치가 변하는 모든 종류의 변화를 뜻합니다. 물리학의 운동(motion)은 일상생활에서 말하는 운동(sports)보다 더 넓은 의미로 사용됩니다.

물리학자들이 오래전부터 운동에 대하여 관심을 가지고 연구한 까닭은 대부분의 물체들이 움직이고 있으며 쉽게 관찰할 수 있기 때문입니다. 운동의 원인을 밝히고 규칙을 알게 되면, 물체의 운동을 예측할 수도 있습니다.

속 력

　자전거를 타거나 인라인스케이트 타는 것을 좋아하는 이유 중의 하나는 걸어가는 것보다 더 빨리 갈 수 있기 때문입니다. 자전거, 인라인스케이트, 자동차, 비행기 등의 발명품은 인간을 좀 더 빠르게 움직일 수 있도록 도와주었습니다.

　빠르기를 말할 때 중요한 것은 거리와 시간입니다. 같은 시간 동안 더 먼 거리를 가거나, 같은 거리를 더 짧은 시간 내에 도착하면 더 빠른 것입니다. 그런데 기차와 버스의 운행 시간과 이동 거리가 다음과 같았습니다. 누가 더 빠른 것일까요?

> 기차: 3시간 동안 240km를 이동했다.
> 버스: 2시간 동안 180km를 이동했다.

　이동거리만 보면 기차가 많이 이동하였지만 걸린 시간이 3시간이나 됩니다. 따라서 이동거리만으로 빠르기를 비교할 수는 없습니다. 기차는 3시간 동안 이동하였고 버스는 2시간 동안 이동하였으므로 빠르기를 비교하기 어렵습니다. 이런 경우 걸린 시간을 1시간으로 통일하고 각각 얼마의 거리를 이동하였는지 계산한다면 기차와 버스가 얼마나 빠른지 비교하기가 쉬워집니다. 기차는 1시간 동안 80km를 이동하였습니다. 반면 버스는 1시간 동안 90km를 이동하였습니다. 1시간 동안 이동한 거리는 버스가 더 깁니다. 즉 버스가 더 빠른 것입니다.

1시간, 1초와 같이 단위 시간 동안 이동하는 거리를 비교하면 물체의 빠르기를 쉽게 알 수 있습니다. 그래서 단위시간 동안 이동한 거리를 가리켜 속력이라고 정의합니다. 속력을 계산하려면 이동한 거리를 시간으로 나누어 주면 됩니다. 예를 들어 기차의 속력을 계산해 봅시다. 3시간 동안 240km를 이동하였으므로 다음 식이 성립합니다.

$$속력 = \frac{거리}{시간} = \frac{240}{3} = 80\text{km/h}$$

버스의 속력은 180km/2시간 = 90km/h입니다.

속력의 단위는 km/h입니다. 여기서 km는 거리의 단위이고, h는 영어로 한 시간을 뜻하는 hour의 첫 글자입니다. 또 km와 h 사이의 '/' 기호는 '한 개당'이나 '~마다'를 뜻하는 per의 기호이며 나누기 기호(÷)와 같습니다. km/h는 한 시간(1hour)마다 이동한 거리(km)를 나타낸 속력의 단위입니다.

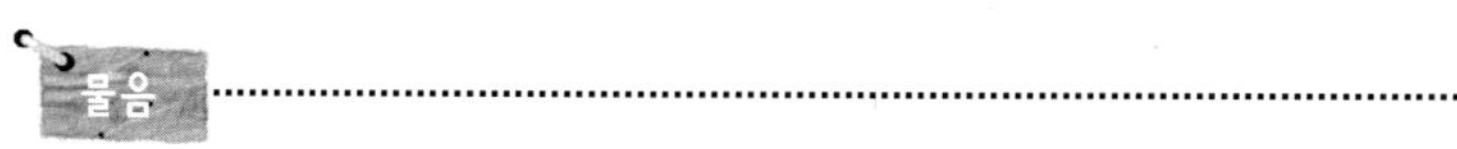

자동차가 2시간 동안 이동한 거리가 120km이다. 이 자동차의 속력이 몇 km/h인가?

속력＝거리/시간이므로 120km/2시간＝60km/h이다.

속력 단위의 표준(SI 단위계)은 m/s입니다. 여기서 m는 거리의 단위이고 s는 1초를 의미하는 영어의 second의 첫 글자입니다. 예를 들어 물체의 속력이 50m/s라는 뜻은 그 물체가 1초에 50m의 빠르기로 진행한다는 뜻입니다.

80km/h의 기차의 속력을 m/s 단위로 환산하여 봅시다. km의 k는 1,000이므로 80km＝80,000m에 해당합니다. 1h(시간)은 3,600초입니다. 따라서 기차의 속력은 80,000m/3,600s＝22.22m/s입니다. 대략 1초에 22m 정도를 달리는 셈입니다.

어떤 자동차가 1시간 동안 60km를 이동하였다. 이 자동차의 속력을 m/s로 구하시오.

속력＝이동거리/시간＝60,000m/3,600s＝대략 16.7m/s이다. 시속 60km로 이동하는 자동차는 일 초에 대략 16.7m 이동한다.

물체의 속력을 알면 여러모로 편리합니다. 속력과 시간을 알면 이동한 거리를 대략적으로 계산할 수가 있습니다. 평균속력이 80km/h인 기차를 타고 30분 타고 갔다면 이동한 거리는 얼마나 될까요?

30분은 0.5시간입니다. 기차는 1시간에 80km를 이동하므로 0.5시간 동안은 40km를 이동하였을 것입니다.

생각하는 코너

페르미에 도전하자

1. 내가 걸어가는 속력은 어느 정도일까?
① 1시간당 1km 정도
② 1시간당 4km 정도
③ 1시간당 10km 정도

2. 고속열차(KTX)의 최고 속력은 대략 어느 정도일까?
① 1초당 10m 정도
② 1초당 100m 정도
③ 1초당 1,000m 정도

3. 지구가 태양둘레를 도는 속력은 어느 정도일까?
① 1시간당 대략 1,000km
② 1시간당 대략 10,000km
③ 1시간당 대략 100,000km

1. 인간이 평균 걷는 빠르기는 1시간당(시속) 대략 4km 정도이다. 민요 아리랑에 나오는 10리가 바로 4km 정도를 의미하는데 사람이 한 시간 동안 가는 거리이다. 아무리 노력해도 인간은 말(시속 70km)이나 치타(시속 100km)와의 달리기 경주에서 이길 수는 없다.

2. 고속열차는 1시간당 최고 300km 정도의 빠르기로 이동할 수 있다. 이 속력은 1분에 5km, 1초에 대략 83m를 이동하는 빠르기에 해당한다. 참고로 비행기는 한 시간당 대략 1,000km의 빠르기로 날아가는데 이는 1초에 대략 300m를 이동하는 빠르기이다.

3. 지구의 속력은 매우 빠른데, 지구가 태양 둘레를 도는 속력은 대략 10,700km/h 정도이다.

평균 속력과 순간 속력

피식이가 과학, 수학, 국어 시험을 본 후 점수를 평균을 내었더니 70점이었습니다. 이 말은 과학과목도 70점, 수학과목도 70점, 국어과목도 70점이라는 뜻일까요? 한번 생각해 봅시다. 과학이 100점, 수학이 50점, 국어가 60점이어도 평균은 70점이 나옵니다. 평균 70점은 각 과목의 점수가 모두 70점이어야 한다는 말이 아닙니다.

기차의 속력을 말할 때에도 같은 원리가 적용됩니다. 기차의 속력이 80km/h라고 할 때, 이 말은 기차가 처음 출발하면서 도착할 때까지 매 순간 80km/h의 빠르기로 일정하게 진행한다는 뜻은 아닙니다.

처음 출발할 때는 기차가 느리게 갑니다. 그러다가 점점 빨라지고, 도착할 때에는 멈추기 위해 다시 느려집니다. 보통 기차의 속력이 80km/h라는 것은 전체 이동한 거리를 시간으로 나누어 알게 된 평균적인 속력, 즉 평균 속력입니다.

평균 속력의 반대는 순간 속력입니다. 순간 속력은 순간마다 변하는 순간적인 속력을 뜻합니다. 순간 속력을 알아내기 위해서는 특별한 방법이 필요합니다. 예를 들어 자동차는 바퀴의 회전수를 이용하여 순간 속력을 측정하고 이를 속도계의 눈금으로 나타냅니

다. 경찰들은 전파의 반사시간을 이용하여 과속하는 자동차를 잡아
냅니다. KTX의 최고속력이 300km/h라고 할 때에는 순간 속력을
말하는 것입니다.

알쏭달쏭 퀴즈

피식이는 운전을 하다가 속도위반으로 경찰에게 잡혔다.

경찰: 속도위반입니다. 100km/h로 달렸군요.

피식: 말도 안 돼요. 전 2시간 동안 겨우 160km밖에 안 왔다고요. 평균 속력이
80km/h라고요.

경찰: 하지만 스피드건에 100km/h로 나왔습니다.

경찰관은 순간 당황했다. 그러나 곧 무엇이 문제인지 알아냈다. 과연 피식이는
속도위반 벌금을 내야 할까?

해답

피식이는 속도위반 벌금을 내야 한다. 피식이가 2시간 동안 160km
를 달렸으므로 2시간 동안 피식이의 평균속력은 160km/2시간=
80km/h, 그러나 이것은 어디까지나 평균속력이다. 하지만 피식이는
경찰관 곁을 지나칠 때 100km/h의 순간 속력으로 달렸던 것이다.

운동 그래프

그래프는 정보를 빠르고 알기 쉽게 나타내는 아주 유용한 도구입니다. 특히 물리학에서 그래프의 역할은 매우 중요합니다. 운동하는 물체를 그래프로 표현하면 많은 사실들을 한눈에 알수 있습니다.

운동하는 물체의 그래프에 대한 이해를 돕기 위해 먼저 다른 예부터 시작하겠습니다. 이 그래프는 1950년부터 2000년까지 A 도시와 B 도시의 석유 소비량을 비교한 것입니다. 이 그래프를 통해 알 수 있는 점을 나열해 보겠습니다.

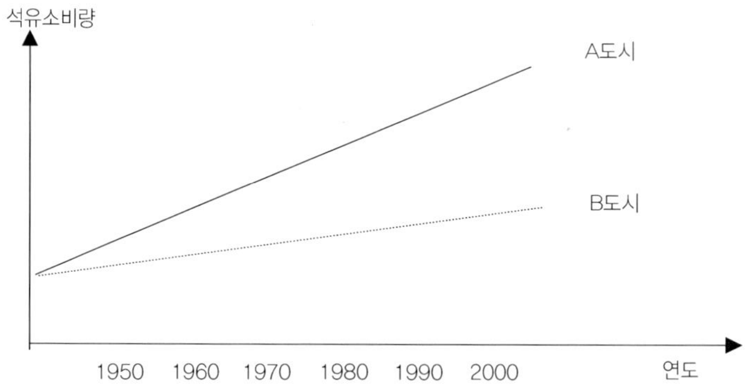

▮ 두 도시 모두 석유 소비량이 증가하고 있다.
　A 도시의 석유 소비량이 B 도시보다 더 빠르게 증가한다.

　물체의 운동 그래프도 위와 아주 비슷합니다. 예를 들어 A 자동차와 B 자동차의 시간 – 이동거리 그래프를 그려 봅시다. 그래프의 x 축은 시간, y 축은 이동거리를 나타내고 있습니다.

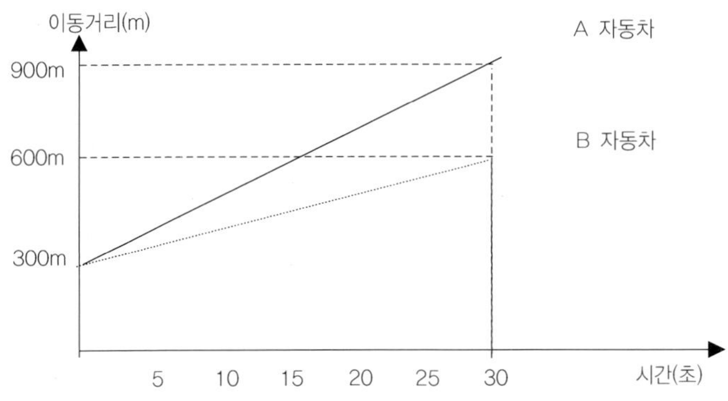

▮ 두 자동차 모두 이동거리가 증가하고 있다.
　A 자동차의 이동거리가 B 자동차보다 더 빠르게 증가했다.

　그래프에서 선의 경사진 정도를 기울기라고 말합니다. 기울기는 다음 식으로 구합니다.

$$기울기 = \frac{y축\ 값의\ 변화량}{x축\ 값의\ 변화량}$$

시간 – 이동거리 그래프에서 기울기는 $\dfrac{이동거리}{시간}$ 으로 속력을 뜻합니다. 기울어진 정도가 클수록 속력이 큰 셈입니다. 따라서 이 그래프를 통하여 기울어진 정도가 더 큰 A 자동차의 속력이 B보다 크다는 사실도 알 수 있습니다.

구체적으로 두 자동차가 30초간 이동한 평균 속력을 계산해 볼 수도 있습니다. A 자동차의 평균 속력은 (900−300)m/30초＝20m/s입니다. B 자동차의 평균 속력은 (600−300)m/30초＝10m/s입니다.

속도와 가속도

‘자동차가 20m/s의 속력으로 간다.’라는 사실만으로는 운동을 정확히 설명하기에 부족합니다. 어느 방향으로 이동하는지를 모르기 때문입니다. 이처럼 속력과 방향을 함께 나타낸 것을 속도라고 합니다.

‘자동차가 10m/s로 이동한다.’고 말한 것은 자동차의 속력을 의미합니다. "자동차가 동쪽방향으로 10m/s로 이동한다."라고 한다면 이것은 자동차의 속도를 표현한 것입니다.

속도와 함께 중요한 것으로 가속도가 있습니다. 성민이와 민정이는 자전거를 잘 타는 학생들입니다. 두 학생이 같은 지점에서 동시에 학교를 향해 출발하였습니다.

성민이가 출발한 지 3초 후 5m/s가 되었습니다. 그런데 민정이는 출발한 지 3초 후에 속력이 7m/s가 되었습니다. 일정한 시간 동안 속도가 달라지는 정도를 가속도라고 부릅니다. 이 경우 같은 시간 동안 민정이의 속도가 더 많이 변했으므로 민정이의 가속도가 더 큰 것입니다. 속력이 일정해도 방향이 바뀌면 속도가 변하는 것이므로 가속도가 0이 아닙니다.

■ 동물 다큐멘터리를 보면 간혹 치타가 먹이를 사냥하는 장면이 나옵니다. 치타의 속도는 최고 120km/h에 달한다고 합니다. 육상 동물 중에서는 가장 빠른 동물에 속합니다. 그토록 빠른 치타이지만 먹이 사냥에 실패하는 경우도 많습니다. 그것은 바로 가속도 때문입니다. 치타는 너무 빠르고 몸집도 크기 때문에 빨리 달리면서 이리저리 방향을 바꾸기가 어렵습니다. 반면 치타에게 쫓기던 가젤은 잡힐 만하면 방향을 확 틀어 버려 치타와의 간격을 늘립니다. 운이 좋으면 치타가 포기하고 맙니다. 가속도가 속도보다 중요한 순간입니다.

등속운동과 가속운동

수평으로 움직이는 에스컬레이터를 보면 일정한 속력과 방향으로 이동하고 있다는 것을 알 수 있습니다. 이런 운동을 등속운동이라고 부릅니다. 일정한 속력과 방향으로 이동하는 기차도 등속운동을 하고 있는 물체입니다.

성능이 좋은 사진기 중에는 0.001초 간격으로 사진을 찍을 수 있는 것이 있습니다. 이 사진기를 이용하여 아래로 떨어지는 물체를 관찰하면 흥미로운 사실을 알 수 있습니다. 떨어지는 물체의 경우 아래로 떨어질수록 간격이 벌어짐을 알 수 있습니다. 즉 아래로 떨어질수록 더 빨라지는 것입니다. 아래로 떨어지는 물체의 운동은 가속이 되는 운동입니다. 이런 운동을 가속운동이라고 합니다.

물리학자들은 물체의 운동을 크게 두 가지로 구분합니다. 등속운동과 가속운동입니다. 등속운동이란 물체의 속도, 즉 속력과 방향이 변하지 않는 운동입니다. 가속운동이란 물체의 속력이나 방향이 변하는 운동입니다.

지구 주변을 하루에 12번 이상을 도는 인공위성이 일정한 속력으로 돈다고 하여도 인공위성은 가속운동을 하고 있는 것입니다. 속력은 일정하다고 해도, 원운동을 하고 있으므로 방향이 시시각각 변하기 때문입니다. 우리 주변에서 일어나는 대부분의 운동은 가속운동입니다. 공이 떨어질 때, 공을 위로 던져 올릴 때, 자동차가 브레이크를 밟아 정지할 때, 자동차가 액셀러레이터를 밟아 점점 빨라질 때, 시계추가 왕복 운동할 때, 그네를 탈 때 등이 모두 가속운동에 해당합니다.

생각하는 코너

페르미에 도전하자

20m 높이의 건물에서 1kg의 쇠공을 떨어뜨렸다. 이 공이 땅에 도달하는 데 2초 정도 걸렸다. 이 공이 바닥에 떨어지는 순간 공의 속력은 어느 정도가 될까?

① 대략 1m/s

② 대략 10m/s

③ 대략 20m/s

해답 ③

물체가 아래로 떨어지는 시간은 정말 순식간이다. 물체가 아래로 떨어지면서 점점 속도가 증가한다. 가속이 되는 것이다. 가속되는 정도도 매우 큰데, 1초에 대략 10m/s씩 빨라진다. 정지해 있던 물체가 떨어지기 시작한 지 1초 후에 그 물체의 속도는 10m/s로, 2초 후에는 20m/s로 증가한다. 이 속력은 대략 시속 72km/h로 달리는 자동차의 속력에 해당한다.

생각하는 코너

알쏭달쏭 퀴즈

3m/s의 속력으로 오른쪽으로 이동하던 물체가 갑자기 방향을 바꾸어 왼쪽으로 3m/s의 속력으로 이동하였다. 이 물체는 등속운동을 한 것인가, 아니면 가속운동을 한 것인가?

해답

속력은 3m/s로 일정하지만, 물체의 방향이 변하였으므로 가속운동이다.

논술·서술형을 대비하라!

1. 물체의 위치를 정확하게 나타내기 위해 어떤 것들을 표시해야 할까?
2. 물체의 속력이 무엇인지 설명해 보자.
3. 자동차로 서울에서 대전에 갔다. 2시간 동안 160km를 움직인 것이다. 이 자동차의 속력은 얼마인가? 이때 계산한 속력은 자동차의 평균 속력인가, 순간 속력인가? 왜 그렇게 생각하는가?
4. 등속운동과 가속운동의 예를 우리 주변에서 찾아보자.

1. 위치를 정확히 나타내기 위해서는 기준점과 기준점으로부터의 방향, 그리고 거리를 나타내야 한다.
2. 단위 시간 동안 이동하는 거리, 즉 물체의 빠르기를 뜻한다.
3. 160km/2시간 = 80km/h이다. 이 속력은 평균 속력이다. 현실적으로 신호등때문에라도 2시간 동안 같은 속력으로 갈 수는 없기 때문이다.
4. 등속운동의 예: 한 방향으로 일정하게 이동하는 물체들이 모두 이에 해당한다. 일정한 속도로 움직이는 컨베이어벨트, 에스컬레이터 등이다.

   가속운동의 예: 물체의 속도가 시시각각 변하는 모든 종류의 운동이다. 이 세상에는 등속보다는 가속운동이 많다. 원운동, 시계추의 진자 운동, 높이 던진 공의 운동, 물체가 떨어지는 운동 등이 모두 가속운동이다.

물리나라 단어사전

위치	어떤 물체가 놓인 곳. 위치를 나타낼 때에는 기준점, 방향, 거리 등을 밝혀야 한다.
운동	위치의 변화
속력	물체의 빠르기를 의미한다. 물체가 일정한 시간 동안 이동한 거리이다. 단위는 m/s, km/h, cm/s 등이 있다.
평균속력	물체가 이동할 때, 총 이동거리를 걸린 시간으로 나눈 값이다. 평균적인 속력이다.
순간속력	물체가 이동할 때 순간마다 변하는 속력을 의미한다.
속도	속력과 방향을 함께 나타낸 물리량이다.
가속도	일정 시간 동안 속도가 변한 양을 의미한다. 속도가 얼마나 빠르게 변하는지를 의미한다.
등속운동	물체의 속도가 일정한 운동
가속운동	물체의 속도가 시간에 따라 변하는 운동

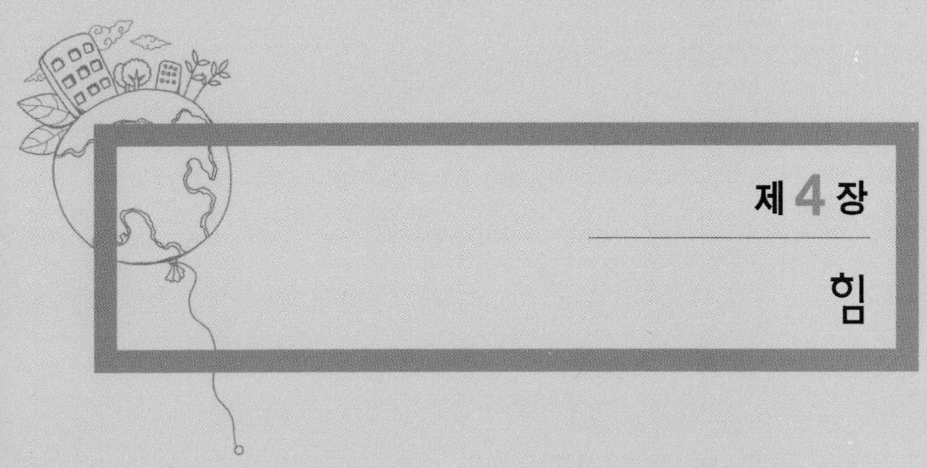

우리는 언제나 힘의 영향을 받고 있습니다. 아무런 힘을 받고 있지 않는 것처럼 느껴질 때에도 우리는 사실 힘을 받고 있는 것입니다. 만일 우리에게 작용하는 힘의 한 종류인 중력이 갑자기 사라진다면 우리들은 인선이가 그린 그림처럼 공중에 둥둥 뜨게 될 것입니다. 우리가 우리 자신의 형태를 유지하고 살아갈 수 있는 것도 힘 덕분입니다. 이 세계를 구성하고 유지시키며 움직임의 변화를 일으키는 원인이 바로 힘입니다.

힘

　반지의 제왕이라는 영화에는 아주 특별한 반지가 등장합니다. 그 반지를 끼면 절대적인 힘을 가지게 됩니다. 우리는 생활하면서 누구보다도 힘이 세면 좋겠다는 생각을 하곤 합니다. 내가 등장하면 모두 나의 말에 귀를 기울이고, 내 뜻대로 하게 되는 그런 힘을 가지게 된다면 어떨까라는 상상을 해 본 적은 없나요?

　반지의 제왕에서 말하는 힘은 다양한 의미를 지닙니다. 정신을 지배하는 힘, 절대적인 권력 등을 의미합니다. 그런데 그 힘은 과학자들이 말하는 '힘'과는 약간 다릅니다. 과학에서 말하는 힘은 정신적인 힘이나 권력보다는 어떤 물체를 밀거나 당기는 작용에 가깝습니다.

　스펀지를 누르면 스펀지가 찌그러집니다. 스펀지의 모양이 찌그러진 것은 스펀지를 누르는 힘 때문입니다. 만일 책상에 놓인 스펀지를 던진다면 스펀지는 공중으로 날아갈 것입니다. 스펀지의 방향이나 속력이 변한 것입니다. 과학자들은 운동의 방향이나 속력이 변하는 것을 운동 상태가 변한다고 합니다. 스펀지의 경우와 같이 모양이 변하거나 물체의 운동 상태(운동방향이나 속력)가 변하는 원인은 바로 힘입니다.

　힘의 효과는 힘의 크기, 방향, 작용점(힘이 작용하는 지점)에 따라 다르게 나타납니다. 스펀지에 작용하는 힘을 크게 할 때와 작게 할 때 모양이 변하는 정도가 다릅니다. 또 스펀지에 작용하는 힘의 방향을 어디로 하느냐에 따라 스펀지가 움직이거나 변형되는 것이 다릅니다. 또 스펀지 어느 부분에 힘을 작용하는가도 힘의 효과를 다르게 합니다.

힘의 크기와 방향, 그리고 작용점, 이 세 가지는 힘의 효과를 결정할 때 매우 중요한 요소입니다. 그래서 힘의 크기, 방향, 작용점을 힘의 세 요소라고 부릅니다.

힘은 눈에 안 보이기 때문에 화살표를 이용하여 힘을 표현합니다. 힘의 화살표에서 화살표의 길이가 힘의 크기를 나타내며, 화살표의 방향은 힘의 방향을, 화살표의 시작점은 힘의 작용점을 의미합니다.

힘의 단위는 N(뉴턴)을 사용합니다. N은 아이작 뉴턴(Newton, Sir Isaac, 1642－1727)의 이름을 따른 단위입니다. 힘을 사용해서 물체의 운동을 체계적으로 설명한 과학자가 뉴턴이기 때문입니다.

〈힘의 화살표 그림〉

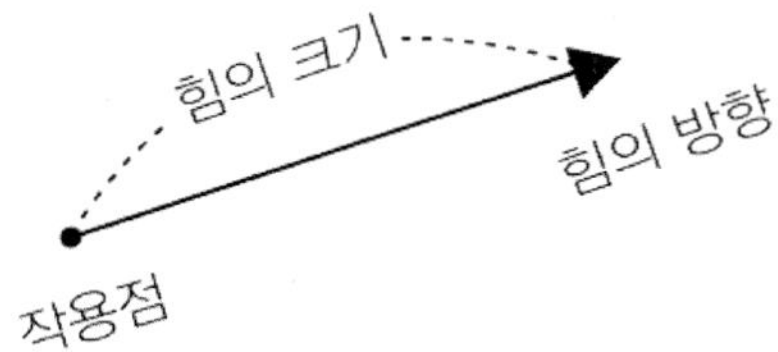

힘의 합성과 평형

개미들이 먹이를 나르는 모습을 본 적이 있나요? 개미들은 협동심이 강한 것으로 알고 있지만 동물학자들은 새로운 사실을 알려줍니다. 개미들이 먹이에 달라붙을 때 서로 제각기 다른 방향으로 힘을 작용한다는 것입니다. 따라서 한두 마리의 개미가 붙어 있을 때나 여러 마리가 붙어 있을 때나 효과가 거의 비슷하다고 합니다. 힘을 작용하여 효과적으로 물건을 나르려면 여러 사람이 같은 방향으로 힘을 작용하는 것이 좋습니다. 여러 힘을 더하는 과정을 '힘의 합성'이라고 하며, 합성한 여러 힘과 동일한 효과를 내는 하나의 힘을 '합력'이라고 합니다. 힘을 합성할 때에는 힘의 방향을 고려해 주어야 합니다.

두 사람이 같은 방향으로 책상에 200N, 300N의 힘을 동시에 작용한다면, 책상이 500N의 힘을 받을 때와 같은 효과가 나타납니다. 같은 방향으로 작용하는 두 힘 F_1, F_2의 합력 F는 다음과 같은 식으로 구할 수 있습니다.

$$F = F_1 + F_2$$

만일 두 사람이 정반대의 방향에서 200N, 300N로 밀었다면 책상은 300N에서 200N을 뺀 효과만 나타납니다. 반대 방향으로 작용하는 두 힘 F_1, F_2의 합력 F는 다음과 같은 식으로 구할 수 있습니다. F_1을 큰 힘, F_2를 작은 힘이라고 할 때 합력 F의 크기는 그 차이가 됩니다. 합력의 방향은 둘 중에서 큰 힘이 작용하는 방향과 같습니다.

$$F = F_1 - F_2$$

1. 한 물체에 같은 방향으로 150N, 270N의 두 힘을 작용했다. 이 물체가 받는 합력의 크기는?
2. 한 물체에 오른쪽으로 400N, 왼쪽으로 350N의 힘을 작용했다. 이 물체가 받는 합력의 크기는?

해답

1. 150N + 270N = 420N. 같은 방향일 경우 합력의 크기는 두 힘을 더해 주면 된다.
2. 400N − 350N = 50N. 반대 방향일 경우 합력의 크기는 큰 힘에서 작은 힘을 빼 주면 된다.

만일 두 사람이 같은 크기의 힘을 작용하여 반대 방향으로 서로 당긴다면 어떤 일이 발생할까요? 예를 들어 책상 하나를 가운데에 놓고 한 사람은 100N의 힘으로 왼쪽으로, 다른 사람은 100N의 힘으로 오른쪽으로 당긴다면 책상은 어느 쪽으로도 움직이지 않을 것입니다. 분명히 책상은 두 힘의 작용을 받았으나 힘의 효과가 나타나지 않고 움직이지 않습니다. 그리고 책상이 받은 힘의 합력은 100N − 100N = 0N입니다. 이와 같이 한 물체에 여러 힘이 작용하였을 때 합력이 0인 경우를 '힘의 평형'이 이루어졌다고 합니다.

줄에 추를 연결하여 가만히 매달아 놓았다. 이 추가 받는 합력의 크기는 얼마인가?

합력의 크기는 0이다. 추가 평형을 이루어 정지해 있기 때문이다. 평형을 이루는 경우 물체가 받는 힘의 합력은 0이다.

두 사람이 같은 방향도 아니고 정반대 방향도 아닌, 나란하지 않은 방향으로 물체를 당길 때, 더하거나 빼는 것으로 합력을 구할 수는 없습니다. 이런 경우에는 평행사변형법을 이용합니다. 먼저 두 힘의 크기를 두 변으로 하는 평행사변형을 점선으로 그립니다. 사이 각은 두 힘의 방향 차이로 정합니다. 그런 다음 두 힘의 출발점에서 평행사변형의 대각선 방향으로 화살표를 그리면, 바로 그것이 두 힘의 합력이 됩니다.

〈그림 3〉

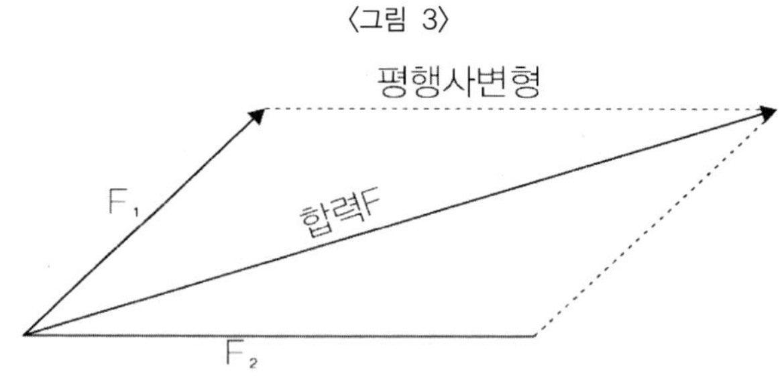

생각하는 코너

페르미에 도전하자

1N은 어느 정도 크기의 힘일까?

① 큰 사과 반쪽 정도를 드는 정도의 힘

② 책이 가득 들어 있는 책가방을 들어 올리는 정도의 힘

③ 50kg짜리 역기를 들어 올리는 정도의 힘

해답 ①

큰 사과 반쪽을 드는 힘이 1N 정도에 해당한다. 책이 가득 들어 있는 책가방은 대략 수십 N 정도이다. 50kg의 역기를 들어 올리는 정도의 힘은 대략 500N 정도에 해당한다.

생각하는 코너

알쏭달쏭 퀴즈

다음 중 물리나라에서 말하는 힘과 동일한 뜻으로 '힘'이라는 단어가 사용된 경우는 무엇일까?

– 그 사람에게 힘이 있어. 모두들 그 사람 말은 잘 들어.

– 책상에 힘을 작용해서 밀었더니 책상이 움직여.

– 그는 정신적인 힘이 강해서 성공한 거야.

두 번째이다. 물체에 직접 작용하여 물체의 모양을 변화시키거나 운동 상태를 변화시킨 경우 힘이 작용한 것이다.

생각하는 코너

알쏭달쏭 퀴즈

마찰이 없는 매끄러운 면 위에서 썰매가 움직이고 있다. 이 썰매에 두 사람이 같은 크기의 힘을 반대방향으로 작용하면 어떻게 될까?

썰매는 움직이던 방향과 속력으로 그대로 이동한다. 합력이 0이므로 힘의 평형이 이루어져 운동 상태에 변화가 없기 때문이다.

중력

우주를 이룰 수 있게 하는 근원적인 힘이 하나 있는데, 바로 중력입니다. 질량을 지닌 모든 물체는 서로 중력을 작용합니다. 중력은 만유인력[4]이라고도 부릅니다. 우선 만유인력이 무엇인지 알아봅시다.

두 개의 사과가 있습니다. 여러분은 도저히 믿을 수가 없겠지만, 이 두 개의 사과 사이에는 서로를 당기는 만유인력이 작용하고 있습니다. 그러나 그 힘이 너무 작기 때문에 두 사과는 서로 달라붙지 않습니다.

그러나 사과 하나의 질량이 지구만큼 커진다면 문제가 달라집니다. 중력은 질량에 비례하기 때문입니다. 따라서 지구와 사과 사이에 작용하는 중력은 결코 작은 힘이 아닙니다. 따라서 사과와 지구가 서로 떨어져 있다면 사과와 지구는 서로 잡아당겨서 붙어 버립니다.

---

4) 질량을 가진 모든 물체 사이에서 작용하는 끌어당기는 힘.

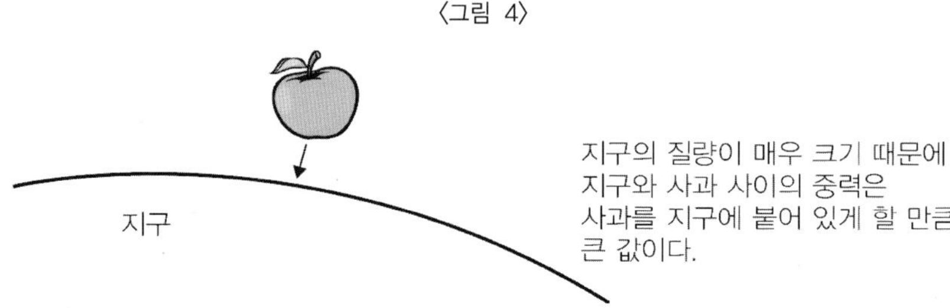

〈그림 4〉

　지구와 같은 행성과 그 행성 주변에 있는 물체 사이에는 만유인력이 작용한 효과가 두드러집니다. 행성의 질량이 크기 때문입니다. 이때 행성과 같은 거대한 천체와 주변 물체 사이에 작용하는 만유인력을 가리켜 중력이라고 부른답니다. 예를 들어 지구와 사과 사이에도 중력이 작용합니다. 중력의 방향은 행성의 중심부를 향한답니다. 지구와 사과가 서로 당기지만 지구가 사과에 비해 워낙 질량이 크기 때문에 우리 눈에는 사과가 지구로 떨어지는 것처럼 보입니다. 그러나 엄밀하게 말하면 지구도 아주아주 조금 움직이는 것입니다.

　우리가 흔히 '무게'라고 부르는 것이 바로 지구 표면에 있는 물체에 작용하는 중력입니다. 그래서 무게의 단위로 N 또는 kg중을 사용합니다. 중력의 크기, 즉 무게는 물체의 질량이 클수록 증가합니다. 또 물체 사이의 거리가 멀어지면 약해진답니다. 그래서 높은 산 위로 올라가면 조금씩 무게가 줄어듭니다. 물체와 지구 중심 사이의 거리가 멀어지기 때문입니다.

　각 행성이 표면에 있는 물체에 작용하는 중력의 크기는 행성에 따라 달라집니다. 행성의 질량이나 반지름이 모두 다르기 때문입니다.

전기력

풀이나 본드와 같은 접착제는 다른 물체들을 서로 달라붙게 합니다. 그런데 풀이나 본드가 없는데도 서로 붙거나 밀어내는 현상이 이 세상에 존재합니다.

머리카락이 머리빗에 붙는 것을 본 경험이 있을 것입니다. 털옷으로 문지른 볼펜에 작은 종잇조각을 대면 달라붙습니다. 머리카락과 볼펜에 풀이나 본드가 묻어 있었던 것이 아닙니다. 이렇게 달라붙는 현상들과 관련된 힘이 전기력입니다. 전기력은 전기를 띤 물체 사이에 작용하는 힘을 말합니다.

머리빗이나 볼펜을 마찰하기 전에는 머리카락이나 종잇조각이 붙지 않습니다. 그러나 마찰을 시킨 후에는 달라붙습니다. 마찰하면서 머리빗이나 볼펜이 전기를 띠게 되었기 때문입니다.

전기를 띤 물체는 서로를 당기거나 밀어냅니다. 우리 주변의 물체들은 평상시에는 전기를 띠지 않고 있으나 마찰과 같은 다른 원인에 의해 전기를 띠게 됩니다. 예를 들어 보통 빨대와 빨대끼리는 서로 밀어내지 않지만, 두 빨대를 털가죽으로 문지른 다음 가까이하면, 서로 밀어내는 전기력이 작용합니다. 전기력과 관련된 자세한 설명은 전기 단원에 나옵니다.

자기력

　냉장고 자석에는 다양한 모양의 것들이 많습니다. 주로 지점토나 점핑 클레이로 모양을 만들고 거기에 자석을 붙입니다.

　냉장고 자석이 냉장고 문에 붙을 수 있게 하는 힘이 바로 자기력입니다. 자기력은 자석이 다른 자석이나 자성체에 작용하는 힘입니다. 자성체란 자석에 붙는 쇠와 같은 물질을 뜻합니다. 자기력에는 두 종류의 힘이 존재합니다. 당기는 힘(인력)과 밀어내는 힘(척력)입니다. 자석의 극에는 N극과 S극이 있는데, 같은 극끼리는 서로 밀어내고 반대 극끼리는 서로 당깁니다. 즉 같은 극끼리는 인력이, 반대 극끼리는 척력이 작용합니다. 자극(N극, S극)의 세기가 클수록 자기력이 세어지며, 자석 사이의 거리가 멀어질수록 약해집니다.

　지구에서 가장 큰 자석은 바로 지구입니다. 지구는 북극 쪽에 S극이 형성되어 있고, 남극 쪽에는 N극이 형성되어 있습니다. 우리가 흔히 사용하는 나침반은 아주 얇은 자석을 회전할 수 있게 만든 장치입니다. 나침반 자침의 N극이 항상 지구의 북극 쪽을 가리키는 이유는 지구의 북극 쪽에 S극이 형성되어 있기 때문입니다.

〈그림 5〉

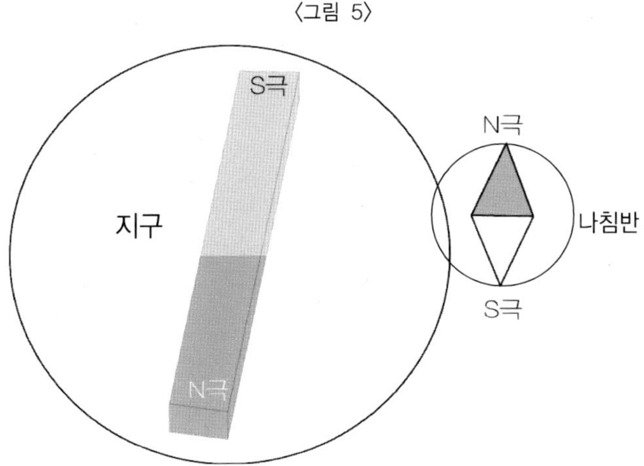

물음

나침반 바늘의 정체는?

① 가벼운 자석
② 가벼운 플라스틱
③ 평범한 바늘

해답

나침반 바늘은 자석이다. 지구 자기장의 영향을 받아 자침의 N극이
북쪽을 향하는 것이다.

생각하는 코너

페르미에 도전하자

1m 떨어진 거리에 있는 나와 친구 사이에 작용하는 만유인력의 크기는 몇 N 정도일까?

① 0.000000 1N

② 0.001N 정도

③ 1N 정도

해답 ①

두 물체 사이에 작용하는 만유인력을 계산하는 식은 다음과 같다.

$F = 6.67 \times 10^{-11} \times \dfrac{M \times m}{R^2}$ (여기서 M, m은 두 물체의 질량이며 R은 두 물체 사이의 거리이다.)

나와 내 친구의 질량을 대략 50kg이라고 가정하자. R = 1이므로

$F = 6.67 \times 10^{-11} \times \dfrac{50 \times 50}{1^2} = 1.7 \times 10^{-7} \text{N}$ 정도이다. 그 힘의 크기가 너무 작아 나와 내 친구가 서로 붙지 않는다. 반면 지구와 사람(50kg) 사이에 작용하는 만유인력, 즉 중력의 크기는 대략 490N 정도이다.

생각하는 코너

페르미에 도전하자

몸무게가 500N(50kg중)인 사람이 목성에 가면 몸무게가 대략 얼마나 될까요?

① 30N 정도

② 500N 정도

③ 1,300N 정도

지구의 중력을 1이라고 할 때 태양계에 있는 여러 행성들의 중력은 다음과 같다. 수성 0.38, 금성 0.91, 화성 0.39, 목성 2.74, 토성 1.17, 천왕성 0.94, 해왕성 1.15. 만일 지구에서 몸무게가 500N(50kg중)인 사람이 목성에 각각 간다면 몸무게가 무려 1,370N(137kg중)이 된다.

생각하는 코너

알쏭달쏭 퀴즈

다음 물체들에 작용하는 중력의 방향을 각각 적으시오.

1. 날아가는 갈매기에 작용하는 중력의 방향은?

2. 위로 뻥 차 올린 축구공에 작용하는 중력의 방향은?

중력의 방향은 언제나 지구 중심 방향이다. 날아가는 물체이거나, 위로 올라가는 물체이거나 중력은 언제나 지구 중심을 향한다. 따라서 두 문제에서 모두 정답은 지구 중심 방향이다.

마찰력

　이사를 갈 때 장롱을 옮기는 일은 쉽지 않습니다. 그러나 장롱 밑에 수건을 깔고 밀면 훨씬 쉬워집니다. 아무리 밀기 어려운 물체라고 하더라도 바닥의 상태에 따라서 쉽게 밀리기도 합니다. 물체를 밀거나 끌 때 바닥과 물체의 접촉면 사이에는 물체의 움직임을 방해하는 힘이 작용합니다. 이 힘을 마찰력이라고 합니다. 마찰력은 바닥이 매끄러울수록 작습니다. 장롱 밑에 수건을 깔면, 바닥과의 마찰력이 줄어듭니다. 그래서 밀기가 쉬워집니다.

　눈썰매장에서 마찰력을 줄이기 위해 매끄러운 플라스틱판을 이용합니다. 그 위에 앉으면 좀 더 빠르게 미끄러져 내려올 수가 있기 때문입니다. 이와 같이 마찰력은 물체와 바닥의 접촉면의 성질에 따라 달라집니다.

　마찰력의 크기에 영향을 주는 또 다른 요인은 물체에 수직으로 작용하는 힘의 크기입니다. 이 힘이 클수록 마찰력도 큽니다. 보통 수평인 접촉면을 기준으로 수직 방향으로 중력이 작용합니다. 그래서 같은 접촉면에서 밀더라도 무거운 물체에 작용하는 마찰력이 더 큽니다. 대개 마찰력은 물체 무게에 비례해서 증가합니다.

　마찰력의 크기가 접촉면의 성질과 물체의 무게에 따라 달라지는 이유는 마찰력이 생기는 원인을 살펴보면 쉽게 알 수 있습니다.

아주 매끄러워 보이는 인쇄용 종이라도 현미경으로 들여다보면 울퉁불퉁합니다. 울퉁불퉁한 두 표면이 서로 맞물려 있기 때문에 옆으로 밀어도 움직이기가 쉽지 않습니다.

만일 표면이 거친 물체라면 울퉁불퉁함의 정도는 더 심하기 때문에 마찰력이 더 클 것입니다. 또 물체가 무겁다면 눌린 정도가 더 크기 때문에 밀기가 더 어려울 것입니다.

마찰력의 방향은 물체가 움직이는 방향의 반대입니다. 예를 들어 상자를 오른쪽으로 민다면 바닥과 상자 사이의 마찰력은 왼쪽 방향입니다.

물체를 밀거나 끌 때 마찰력은 불편하게만 느껴집니다. 그렇지만 마찰이 없다면 큰 문제가 발생합니다. 바닥을 걸어 다닌다는 것은 신발 면과 바닥 사이의 마찰력 덕분에 가능하답니다. 마찰이 적은 매끄러운 얼음판 위에서 걷기 어렵다는 것을 경험해 보았을 것입니다. 바닥에 있는 바나나 껍질 때문에 넘어지는 것도 마찰력 때문입니다. 비가 많이 내릴 때 산사태가 일어나는 이유는 산에 나무가 많이 뽑혔기 때문입니다. 나무가 많으면 나무뿌리와 흙 사이에 마찰력으로 인해 큰 비가 와도 흙이 잘 쓸려 내려가지 않는다고 합니다. 이렇듯 마찰력은 우리 생활의 일부입니다.

무거운 상자를 오른쪽으로 밀고 있다. 물음에 답하시오.

(1) 상자를 밀 때 상자 바닥에 작용하는 마찰력의 방향은?
(2) 마찰력의 크기에 영향을 주는 요인은 무엇인가?

해답

(1) 왼쪽 방향
(2) 접촉면의 성질, 상자의 무게

탄성력

고무줄이나 용수철을 많이 당기면 손가락도 힘을 받습니다. 너무 많이 당긴 경우 손가락에 자국이 남기도 합니다. 고무줄이나 용수철은 원래의 모양대로 되돌아가려는 성질이 있기 때문입니다. 여기서 원래 모양

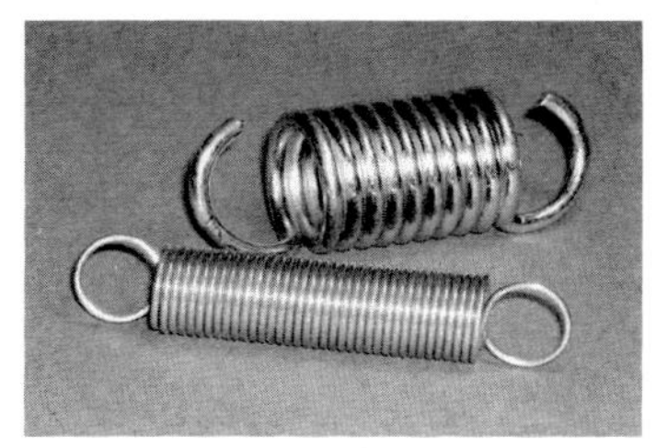

대로 되돌아가려는 성질을 탄성이라고 하고 그 힘을 탄성력이라고 합니다.

고무줄이나 용수철과 같은 것만 탄성을 가진 것은 아닙니다. 우리 피부도 탄성을 지녔습니다. 누르면 원래대로 되돌아옵니다. 대나무나 강철로 만든 자를 약간 휘게 하면 원래대로 되돌아온다는 성질을 알 수 있습니다. 모든 물체는 정도가 다르지만 어느 정도 탄성을 가지고 있습니다.

용수철이 있을 때 오른쪽으로 당기면 탄성력은 왼쪽으로 작용합니다. 잡아당겼던 용수철을 놓는 순간 용수철이 왼쪽으로 가는 것을 통해 이것을 알 수 있습니다. 당기면 당길수록 힘이 많이 든다는 사실은 탄성력이 물체의 변형 정도에 비례함을 말해 줍니다. 용수철이 늘어난 길이나 줄어든 길이의 변화가 클수록 탄성력이

커집니다.

야구공이나 축구공 등 스포츠 경기에서 사용되는 많은 공들은 훌륭한 탄성을 지닙니다. 큰 힘을 받았을 때 원래대로 되돌아오지 못한다면 경기가 원활하게 진행될 수 없기 때문입니다. 따라서 공을 제작할 때에는 충격을 받을 때 모양이 다소 변했다가도 금세 원상태로 되돌아오는 성질을 강하게 합니다.

하지만 탄성에는 한계가 있습니다. 용수철의 경우 너무 많이 당기면 원래 모양대로 돌아가지 못합니다. 이것을 탄성한계라고 합니다.

부 력

  속이 빈 페트병의 뚜껑을 막고 물속으로 집어넣기가 쉽지 않습니다. 물 속에 넣으면 곧 다시 떠오릅니다. 물에 잠긴 페트병을 물 위로 떠오르게 하는 힘의 정체가 바로 부력입니다. 우리는 일상생활 중에서 부력을 많이 느낍니다. 수영을 할 때 부력 덕분에 우리는 물 위에 뜰 수 있습니다. 튜브, 나무 등은 물 위에 뜬다는 사실을 우리는 잘 알고 있습니다. 거대한 배가 물 위에 뜨기 때문에 우리는 배를 타고 강을 건널 수가 있습니다.

  부력은 물과 같은 액체 속에 잠긴 물체에 작용합니다. 부력의 크기는 물체의 부피가 클수록 증가합니다. 쿠킹호일을 잘라서 배 모양으로 만들어 부피를 크게 하면 쿠킹호일은 물에 뜹니다. 그러나 이 쿠킹호일을 뭉쳐서 부피를 줄이면 가라앉습니다. 부력이 작아졌기 때문입니다.

  물 속에서 물체가 받는 부력의 크기는 물체가 물속에 잠긴 부피에 해당하는 물 무게만큼입니다. 페트병이 떠오르는 것은 페트병의 무게가 그 부피에 해당하는 물 무게보다 가볍기 때문입니다.

  액체 속에서만 부력이 작용하는 것은 아닙니다. 공기 중에서도 부력은 작용합니다. 헬륨 풍선이나 열기구가 하늘 위로 떠오르는 것도 부력 때문입니다. 헬륨 풍선의 무게는 풍선이 차지한 부피만큼의 공기무게보다 가볍습니다. 따라서 부력을 받아 위로 떠오르는 것입니다. 우리 몸도 부력을 받고 있습니다. 그러나 우리 몸무게가 훨씬 무겁기 때문에 부력만으로는 위로 뜰 수가 없습니다. 하지만 물에 들어가면 우리 몸무게보다 우리 몸의 부피에 해당하는 물의 무게가 조금 더 큽니다. 그래서 물 속에 잠수를 하고 있으면 곧 물 위로 몸의 일부가 떠오릅니다.

생각하는 코너

페르미에 도전하자

200ml 우유팩을 물에 담그면 우유팩이 받는 부력은 얼마나 될까요?

① 0.2N 정도

② 2N 정도

③ 20N 정도

해답 ②

우유가 가득 들어 있는 우유팩은 물에 뜰까? 가라앉을까? 우유팩이 받는 부력의 크기가 무게보다 크면 물에 뜰 것이고, 무게보다 작으면 가라앉는다. 우유팩이 받는 부력은 우유팩이 물에 잠길수록 커진다. 200㎖ 우유팩이 물에 완전히 잠겼다고 가정하자. 200㎖ 우유팩은 200㎖ 우유팩이 밀어내는 물의 무게인 200㎖, 즉 200g중 정도의 부력을 받게 된다. 따라서 부력은 대략 2N이다.

알쏭달쏭 퀴즈

철수가 연못에 돌을 던져서 돌이 물에 가라앉고 있다. 이때 돌은 부력을 받고 있을까?

① 부력을 받고 있다.

② 부력이 작용하지 않고 있다.

해답 ①

물속에 있는 모든 물체는 부력을 받는다. 물체가 차지하는 부피에 해당하는 물 무게만큼의 부력을 받는다. 부력을 받음에도 불구하고 돌이 가라앉는 이유는 돌의 무게가 부력에 비해 크기 때문이다.

● 논술·서술형을 대비하라!

1. 힘은 눈에 보이지 않는다. 그렇다면 한 물체에 힘이 작용하고 있다는 것을 어떻게 알 수 있을까?

2. 크기가 20N인 힘과 30N의 힘이 한 물체에 작용하고 있다. 두 힘의 합력의 크기는 최소 몇 N에서 최대 몇 N까지 가능할까?

3. 전기력과 자기력의 공통점을 설명해 보자.

4. 어떤 사람이 달에 갔다. 이 사람의 질량과 무게는 어떻게 변할까?

5. 어떤 사람이 다이어트를 통해 날씬해졌다. 이 사람의 질량과 무게는 어떻게 변할까?(측정 장소는 같다고 하자)

6. 마찰력을 줄이는 방법을 두 가지 정도 말해 보자.

7. 군함은 쇠로 만든 무거운 배다. 군함이 물에 뜨는 이유를 부력과 관련지어 설명해 보자.

8. 물에 잠수해 있는 잠수부에 작용하는 중력은 0인가?

1. 물체의 모양이 변하거나, 운동 상태가 변하면 힘이 작용함을 알수 있다.

2. 두 힘의 방향에 따라 합력의 크기가 달라진다. 20N의 힘과 30N의 힘이 같은 방향일 때 합력의 크기가 50N으로 최대이며, 반대 방향일 때 합력의 크기가 10N으로 최소이다.

3. 전기력과 자기력은 모두 인력과 척력이 존재하며, 멀리 떨어질수록 작용하는 힘의 크기가 줄어든다.

4. 질량은 그대로이지만 무게는 1/6로 줄어든다. 달에서 중력이 1/6로 줄어들기 때문이다.

5. 질량과 무게가 모두 줄어들었다.

6. 표면을 매끄럽게 하거나 물체의 질량을 줄인다.

7. 무거운 군함이더라도 물 속에 잠기는 부피를 증가시키면 그 부피에 해당하는 물의 무게만큼 부력을 받을 수 있다. 군함은 강철로 만들어져 있지만 표면만 강철이고 속이 비어 있어 강철의 무게보다 그 부피에 해당하는 물의 무게(부력)가 더 크다. 따라서 물 위로 뜨는 것이다.

8. 중력은 물 속에서나, 공기 중에서나 모두 작용하므로 잠수부에 작용하는 중력은 0이 아니다.

힘	물체의 모양이나 운동 상태(속력이나 방향)를 변형시키는 원인
힘의 3요소	힘의 크기, 방향, 작용점을 힘의 3요소라고 한다. 힘의 3요소가 다르면 힘의 효과가 다르게 나타난다.
합력	물체에 작용하는 여러 힘을 합성한 힘
힘의 평형	어떤 물체에 여러 힘이 동시에 작용하는데, 힘의 합력이 0이어서 힘이 작용한 효과가 나타나지 않는 경우, 즉 힘의 합력이 0인 경우를 힘의 평형이라고 한다.
만유인력	물체 사이에 작용하는 서로 잡아당기는 힘
중력	행성과 같은 거대한 천체와 물체 사이의 만유인력
전기력	전기를 띤 물체 사이에 작용하는 힘
자기력	자석이나 자성체 사이에 작용하는 힘
마찰력	물체를 밀거나 끌 때 바닥과 물체의 접촉면 사이에서 물체가 움직이는 것을 방해하는 힘
탄성력	물체가 변형되었을 때 원래대로 되돌아가려는 힘
부력	어떤 물체를 액체나 기체 속에 넣었을 때 위로 뜨게 하는 힘

누구나 한 번쯤은 로켓에 몸을 실어 우주를 향해 날아가고 싶을 것입니다. 로켓을 타고 우주로 날아가다 우주미아가 되는 줄거리로 상상화를 그리기도 합니다. 그런데 로켓은 대체 어떤 원리로 먼 우주로 날아갈 수 있는 것일까요? 실제 우주로 발사되는 로켓의 질량은 수백 톤에 이릅니다. 연료를 분사하며 공중으로 떠오르는 로켓의 과학적 원리를 힘과 운동의 관계를 통하여 알 수 있습니다.

우리 주변에서 움직이는 물체들은 어떻게 움직이게 된 걸까요? 힘의 개념을 이용하면 물체의 운동을 분석하여 앞으로의 움직임을 예측할 수 있습니다. 물체의 운동을 설명하기 위해 처음으로 힘의 개념을 이용한 사람이 바로 뉴턴입니다. 이 장에서는 뉴턴의 세 가지 운동 법칙을 중심으로 힘과 운동의 관계를 다룰 것입니다.

관성의 법칙(뉴턴의 제1법칙)

운동장에서 나무상자를 밀면 조금 움직이다가 곧 멈춥니다. 얼음판에서 나무상자를 밀면 운동장보다는 훨씬 멀리 가지만, 언젠가는 멈추게 됩니다. 밀어낸 나무판자와 얼음판 사이에도 작지만 마찰력이 작용하기 때문입니다. 그러나 만일 마찰력이 존재하지 않는다면, 한번 움직이기 시작한 나무판자는 한없이 이동할 것입니다.

외부에서 힘이 작용하지 않는다면 정지상태의 물체는 정지상태를 그대로 유지하며, 움직이던 물체는 속력이나 방향이 변하지 않고 그대로 운동할 것입니다. 이런 성질을 관성이라고 합니다.

마찰이 거의 없는 우주공간에서 움직이는 물체를 멈추게 하려면 어떻게 해야 할까요? 우주에서 물체를 멈추도록 하는 방법은 일상생활에서 멈추도록 하는 상황과는 다릅니다. 일상생활에서는 굴러가던 공이 자연스럽게 멈춥니다. 그러나 마찰력이 없는 우주공간에서 움직이던 물체를 정지시키려면, 외부에서 힘을 가해 주어야 합니다. 우주유영을 하면서 움직일 때, 자칫 잘못하여 줄을 놓치거나 하는 등의 사고가 나면, 우주공간으로 무한히 이동할 수밖에 없습니다. 바로 관성 때문입니다.

버스가 갑자기 출발할 때 몸이 뒤로 쏠리는 경험, 버스가 급정거할 때 앞으로 넘어지는 경험 등이 모두 관성과 관련되어 있습니다. 정지해 있던 버스가 갑자기 출발하는 경우에, 버스는 앞으로 움직이는데, 우리의 몸은 관성 때문에 원래대로 정지해 있으려고 합니다. 우리 몸의 발 부분은 버스를 따라 앞으로 가고 몸은 정지해 있으려 하니, 몸이 뒤로 넘어지려 하는 것입니다.

종이 위에 동전을 놓은 다음 종이를 갑자기 확 잡아 빼면 동전은 남고 종이만 끌려옵니다. 이 현상 역시 관성 때문에 일어납니다. 정지해 있던 동전은 계속 정지해 있는 관성을 가집니다. 따라서 종이는 빠져 나오지만 동전은 그 자리에 남아 있는 것입니다.

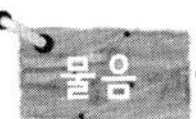

이불을 털면 먼지가 나오는 이유를 관성과 관련지어 설명해보자.

이불에 붙어있던 먼지는 이불을 털 때 정지해 있으려 한다. 하지만 이불은 움직이므로 먼지가 이불과 분리된다. 이불과 먼지가 떨어지면서 우리 눈에는 먼지가 나오는 것처럼 보인다.

힘과 가속의 관계(뉴턴의 제2법칙)

가만히 놓인 공에 힘을 작용하면 공은 가속됩니다. 가속이란 물체의 속력이나 방향이 변하는 것을 말합니다. 공에 힘이 많이 작용할수록 가속이 많이 됩니다. 가속이 되는 정도는 힘의 크기가 클수록 증가합니다.

가속이 되는 정도는 힘의 크기에만 영향을 받는 것은 아닙니다. 무거운 볼링공과 가벼운 배구공에 같은 힘을 주면 배구공을 가속시키기가 더 쉽습니다. 공의 질량에 따라 같은 힘이 작용해도 가속되는 정도가 달라집니다. 실제로 월드컵 경기에서 사용되는 축구공의 질량은 매우 정밀하게 관리됩니다. 축구공 질량의 미묘한 차이가 경기의 진행에 영향을 줍니다. 예를 들어 질량이 작으면 공이 너무 빨라 골이 많이 나고, 반대로 질량이 크면 공이 느려 골키퍼가 쉽게 공을 막을 수 있습니다.

뉴턴은 이 관계를 다음과 같은 공식으로 표현하였습니다.

$$\text{힘} = \text{질량} \times \text{가속도}, \quad F = ma$$

이 공식은 매우 어려워 보이지만, 많은 사실을 요약해서 말해 주고 있습니다. 우선 힘과 가속도가 비례한다는 것입니다. 질량 m

의 변화가 없을 때 등호의 왼쪽에 나타낸 힘이 2배가 되면, 오른쪽의 가속도도 2배가 될 것입니다. 또 동일한 힘이 작용할 때 질량과 가속도가 서로 반비례합니다. 힘이 같을 때 질량이 2배가 되면 가속도는 $\frac{1}{2}$배가 됩니다. 마찬가지로 같은 힘이 작용할 때 질량이 $\frac{1}{2}$배라면 가속도는 2배임을 알 수 있습니다.

힘이 작용하면 물체의 속력이나 방향이 바뀐다고 했습니다. 그렇다면 힘이 작용하지 않을 때에는 물체의 속력이나 방향이 바뀌지 않을 것입니다. "힘이 작용하지 않을 때 물체의 속력이나 방향이 바뀌지 않고 운동 상태가 일정하게 유지된다." 어디서 많이 들어본 법칙이지요? 그렇습니다. 바로 앞 절에서 배운 뉴턴의 제1 운동법칙, 즉 관성의 법칙입니다. 이렇듯 관성의 법칙은 뉴턴의 제2 운동법칙의 특수한 상황이라고 할 수 있습니다.

질량이 10kg인 물체와 20kg인 물체에 같은 크기의 힘을 작용하였다. 같은 시간 동안 속력이 더 많이 증가한 물체는 어느 것일까?

해답

10kg. 동일한 크기의 힘을 작용하면 질량이 작을수록 시간에 따른 속도의 변화(가속도)가 커진다.

작용과 반작용(뉴턴의 제3법칙)

수영을 할 때 앞으로 나가기 위해서 손이나 발을 이용하여 물을 뒤로 밀어내야 합니다. 수영하는 사람이 뒤쪽으로 물을 밀어내면, 물에 힘을 준 만큼 사람은 앞쪽으로 반작용힘을 받기 때문입니다.

인라인 스케이트를 탄 두 명의 친구가 서로 한 줄로 섰습니다. 뒤의 친구가 앞의 친구를 힘껏 밀어 줍니다. 그러면 앞 친구가 앞으로 나가면서 동시에 뒤의 친구도 뒤쪽으로 밀립니다. 힘이 작용하면 반작용의 힘이 작용하기 때문에 벌어지는 현상입니다. 이 두 힘은 서로 다른 물체에 동시에 작용합니다.

또 다른 예도 있습니다. 진공 상태의 우주공간을 상상해 봅시다. 우주공간에서 로켓이 연료를 뿜으면 어떻게 될까요? 로켓은 연료가 나가는 방향의 반대쪽으로 반작용힘을 받습니다. 그래서 앞으로 진행할 수가 있는 것입니다. 물속의 해파리도 이 원리를 이용해 헤엄칩니다. 해파리가 물을 뒤로 보내면 그 반작용으로 인해 전진할 수 있거든요. 풍선을 불었다가 놓았을 때 풍선이 앞으로 쏜살같이 나가는 것도 같은 원리입니다. 모두 작용과 반작용의 법칙 때문입니다. 이 두 힘은 서로 다른 물체에 동시에 작용합니다.

생각하는 코너

알쏭달쏭 퀴즈

어떤 물체가 일정한 속력과 방향으로 이동하고 있다. 이 물체에 작용하는 힘은?

① 힘의 합력이 0이다.

② 점점 큰 힘이 작용하고 있다.

③ 일정한 크기로 힘이 작용하고 있다.

해답 ①

일정한 속력과 방향으로 이동하므로 물체의 운동 상태가 변하지 않았다. 이런 경우 물체에 작용하는 힘이 없거나 여러 힘이 작용하더라도 합력이 0이다. 관성의 법칙에 따르면 어떤 물체에 힘이 작용하지 않으면 그 물체는 일정한 속력과 방향으로 이동한다. 반면 1번과 같이 물체에 힘이 일정한 크기로 작용하면 그 물체는 점점 빨라진다.

생각하는 코너

알쏭달쏭 퀴즈

피식이가 실에 추를 매달고 빙빙 돌리고 있다. 같은 속력으로 돌린다고 할 때, 추의 질량을 두 배 무거운 걸로 바꾸면 돌리기가 더 힘들까? 아니면 더 쉬울까?

해답

더 힘들다. 계속 빙빙 돌리려면 방향이 계속 바뀌어야 하므로 힘이 필요하다. 이때 추의 질량이 커지면 더 큰 힘을 작용해야 동일한 속력으로 돌아갈 수가 있기 때문이다.

알쏭달쏭 퀴즈

잘 굴러가는 수레 A, B 위에 만득이와 칠성이가 있다. 왼쪽 수레에 있는 만득이가 왼쪽으로 줄을 당기면 어떤 일이 벌어질까?

① 만득이는 가만히 있고 칠성이만 왼쪽으로 끌려온다.

② 칠성이는 가만히 있고 만득이가 오른쪽으로 끌려간다.

③ 만득이는 오른쪽으로, 칠성이는 왼쪽으로 끌려간다.

해답 ③

만득이가 줄을 당기면 작용 반작용에 의해 만득이, 칠성이 모두 힘을 받는다.

등속운동

　물체가 일정한 속력과 방향으로 움직일 때, 이 운동을 등속운동이라고 합니다. 지하철역에 가면 에스컬레이터를 볼 수 있습니다. 에스컬레이터는 일정한 속력과 방향으로 이동하고 있습니다. 등속운동을 하는 물체들을 아주 짧은 시간 간격으로 사진을 찍으면 다음 그림과 같이 나옵니다. 같은 시간 간격을 기준으로 이동한 거리가 일정합니다. 속력이 일정하다는 뜻입니다.

〈그림 6〉

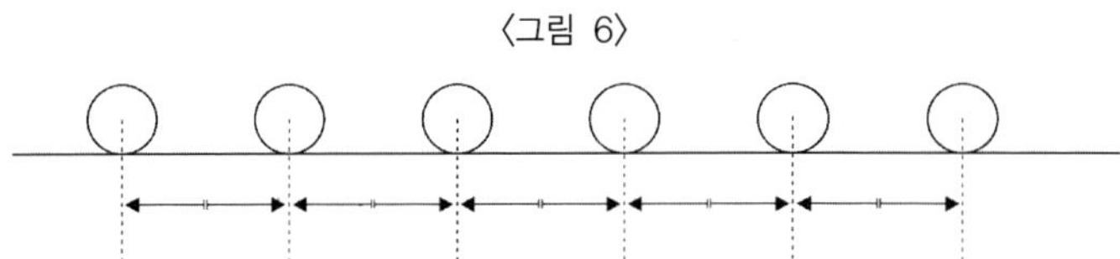

　등속운동은 물체에 아무런 힘이 작용하지 않을 때 일어납니다. 예를 들어 마찰이 없는 바닥을 생각해 봅시다. 관성의 법칙에 의하면 외부에서 힘을 받지 않는 한, 한번 움직이기 시작한 물체는 원래 속력과 방향을 유지하여 계속 이동할 것입니다. 이처럼 외부에서 힘을 받지 않는 물체는 등속운동을 합니다. 그러나 실제로 우리가 밀어낸 책이 앞으로 조금 가다가 멈추는 이유는 물체에 마찰력이 작용하기 때문입니다.

　우리 주변의 모든 물체는 마찰력을 받고 있습니다. 예를 들어 자동차도 마찰력을 받고 있습니다. 따라서 자동차가 일정한 속력을 유지하여 가려면 가속페달을 밟아 마찰력과 같은 크기의 힘을 계속 작용해 주어야 합니다. 자동차 엔진이 주는 힘과 운동을 방해하는 마찰력이 함께 자동차에 작용하여, 자동차가 받는 힘의 합력이 0이 되면 자동차는 등속운동을 합니다. 반면 자동차 엔진이 자동차에 주는 힘이 마찰력보다 크면 자동차는 점점 빨라질 것입니다. 반대로 마찰력이 더 크다면 자동차는 점점 느려질 것입니다.

다음 운동이 등속 운동인지, 아닌지 구별해보자.

(1) 버스가 일정한 방향과 속력으로 달릴 때
(2) 버스가 정거장에 도착하여 멈출 때

해답

(1) 등속 운동
(2) 등속 운동이 아님

가속도 운동

지하철이나 기차를 타면 출발할 때에는 속력이 점점 빨라지다가 어느 정도 시간이 지나면 일정한 속력으로 갑니다. 그리고 정차할 역이 가까워지면 속력이 점점 느려지다가 멈추게 됩니다. 속력이 점점 빨라지거나 점점 느려지는 것을 가속도 운동이라고 합니다.

가속도 운동의 또 다른 예로 공이 떨어지는 운동을 들 수 있습니다. 공을 가만히 아래로 떨어뜨리면 공의 속력이 점점 빨라집니다. 이때 공이 점점 빨라지는 까닭은 중력이 물체가 떨어지는 방향과 같은 방향으로 일정하게 작용하기 때문입니다. 물체의 운동방향과 같은 방향으로 힘이 작용하게 되면 물체는 점점 빨라집니다.

공이 위로 올라가는 경우도 가속도 운동의 예입니다. 이 경우 물체는 위로 올라가는데, 중력은 아래로 작용하므로 속력이 일정하게 감소하게 됩니다. 그래서 결국은 올라가다가 순간적으로 정지한 후 아래로 떨어지게 됩니다. 물리학자들은 속력이 감소하는 경우도 가속도 운동이라고 부릅니다. 자동차의 브레이크를 밟으면 자동차가 멈추게 되는데 역시 가속도 운동입니다.

원운동과 힘

　원운동의 경우도 힘이 작용해서 가속되는 예입니다. 원운동이 일어날 때 물체의 방향은 매 순간 달라집니다. 물체가 가속되는 운동이기 때문에 힘이 작용해야만 합니다.

　남녀가 한 쌍이 되어 피겨 스케이트를 하는 장면을 생각해 봅시다. 남자 스케이터가 여자 스케이터를 잡고 회전을 시킵니다. 이 경우 남자 스케이터가 여자 스케이터를 돌아가게 하려면 힘이 필요합니다. 여자 스케이터가 돌아가는 속력이 일정하다고 해도, 방향이 시시각각 변하기 때문입니다. 여자 스케이터가 더 빠르게 돌아가려면 남자 스케이터가 더 큰 힘을 작용해야 하고, 같은 속력으로 돌리더라도 여자 스케이터가 무거울수록 작용해야 하는 힘은 커집니다.

　우주 공간으로 날아가지 않고 계속 지구 주위를 도는 인공위성, 놀이 공원에서 빙글빙글 돌아가는 놀이 기구 등은 원운동을 하는 예입니다.

　운동하는 물체에 운동하는 방향에 수직으로 일정한 크기의 힘을 계속 작용하면, 그 물체는 방향을 시시각각 바꾸게 됩니다. 이렇게 되면 결국 원을 그리며 운동하게 됩니다. 이때 수직으로 작용하는 힘을 구심력이라고 하는데 구심력의 방향은 원의 중심 방향입니다.

인공위성의 경우에는 지구 중력이 구심력의 역할을 합니다.

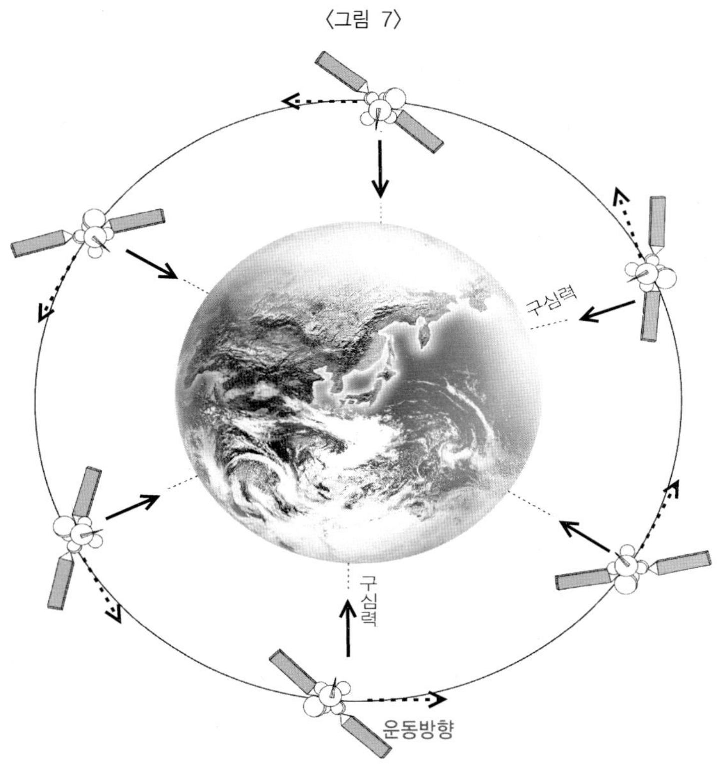

진자운동과 힘

　진자운동이란 그네나 시계추와 같이 일정한 구간을 왔다 갔다 하는 운동을 뜻합니다. 진자의 운동 모습을 살펴보면 속력과 방향이 시시각각 변하고 있다는 것을 알 수 있습니다. 진자운동도 속력과 방향이 모두 변하는 가속운동입니다. 힘이 작용하기 때문에 가능한 형태의 운동입니다.

　진자가 움직일 때 기준에서 양 끝까지의 수직 거리를 진폭이라고 합니다. 진자가 1회 왕복하는 데 걸리는 시간을 주기라고 하고, 진자가 1초 동안 왕복하는 횟수를 진동수라고 합니다. 진동수의 단위는 Hz(헤르츠)입니다. 예를 들어 1회 왕복하는 데 10초가 걸리는 진자는 주기가 10초이고 진동수는 0.1Hz입니다. 주기와 진동수는 서로 역수관계가 있습니다.

　진자운동을 하는 물체는 기준에 도달했을 때, 즉 최하점에서 속력이 가장 빠릅니다. 놀이공원에 가면 바이킹이라는 진자운동을 하는 놀이기구가 있습니다. 아래로 내려올수록 속력이 빨라집니다. 그리고 최고점에서는 속력이 0입니다.

〈그림 8〉

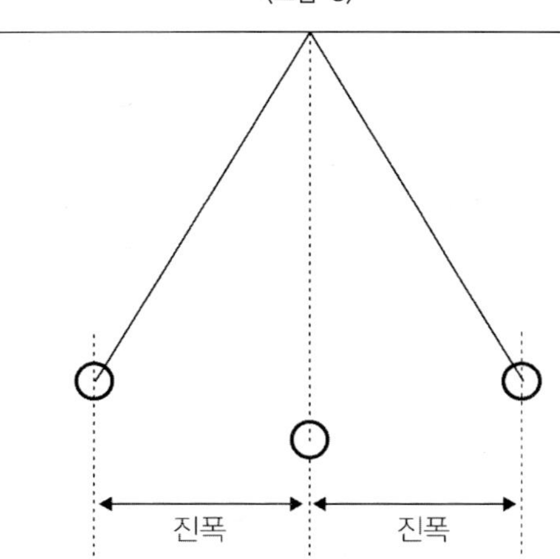

● 논술 · 서술형을 대비하라!

1. 영수가 책상에 계속 힘을 주고 있지만, 책상이 더 빨라지지 않고 일정한 빠르기로 움직이고 있다. 이 경우 책상에 힘이 작용함에도 힘의 효과가 나타나지 않은 이유는 무엇일까?

2. 컵 위에 놓인 종이를 손가락으로 튕기면 종이 위에 있던 동전이 컵 속으로 떨어진다. 왜 그런지 설명해 보자.

3. 물체를 똑바로 위로 던져 올리면 올라가는 동안 속력이 어떻게 될까? 또 속력이 그렇게 되는 이유를 힘과 관련지어 설명해 보자.

4. 자전거에 두 사람이 타고 달리면 혼자 타고 달릴 때보다 속력을 내기가 어려운 이유를 설명해 보자.

5. 지구 주변을 도는 인공위성은 어떤 운동을 하고 있는지 설명해 보자.

1. 책상에 힘이 작용하나 반대 방향으로 마찰력이 작용하여, 책상에 작용한 합력은 0이 되었기 때문이다. 따라서 책상은 가속되지 않으며 힘이 작용한 효과도 나타나지 않는다.
2. 종이는 옆으로 이동하지만 종이 위에 있던 동전은 정지해 있던 관성 때문에 그대로 정지해 있다가 컵 속으로 떨어지는 것이다.
3. 물체가 위로 올라가면서 속력이 점점 작아진다. 운동방향은 위쪽이지만 중력은 아랫방향으로 작용하기 때문이다.
4. 가속도의 법칙에 의하면 가속도의 크기는 물체의 질량에 반비례하기 때문이다.
5. 인공위성은 원운동한다. 지구의 중력을 구심력으로 하고, 속력은 일정하나 방향은 변하는 운동이다.

물리나라 단어사전

뉴턴의 제1법칙	관성의 법칙이라고도 한다. 어떤 물체에 작용한 힘이 없을 때(혹은 힘의 평형이 이루어질 때) 물체는 원래의 운동 상태를 그대로 유지하려고 한다. 즉 정지해 있던 물체는 그대로 정지해 있으려 하고 운동하던 물체는 계속 일정한 속도로 운동한다.
뉴턴의 제2법칙	가속도의 법칙이라고도 한다. 물체에 힘이 작용하면 물체는 가속된다. 이때 가속도의 크기는 힘의 크기에 비례, 물체의 질량에 반비례한다.
뉴턴의 제3법칙	작용 반작용의 법칙이라고도 한다. 항상 크기가 같고 방향이 반대인 두 힘이 쌍으로 동시에 작용한다.
원운동	원모양으로 물체가 움직이는 운동. 등속 원운동하는 물체는 속력이 일정하고 방향이 순간마다 변한다.
진자운동	시계추처럼 물체가 일정하게 왕복하는 운동. 속력과 방향이 계속 변한다.

제 6 장

일과 도구

인간은 아주 오래전부터 도구를 사용하였습니다. 도구를 사용한 인류의 조상으로 알려진 호모 하빌리스는 150만에서 200만 년 전에 살았다고 알려져 있습니다. 도구를 오래전부터 사용한 까닭인지, 우리 주변에는 도구가 참 많습니다.

위의 그림은 골드버그 장치 콘테스트에서 희찬이가 고안한 장치입니다. 골드버그 장치 콘테스트는 매우 단순한 일을 복잡하고 어렵게 만들수록 좋은 점수를 받습니다. 그러나 복잡하다고만 해서 되는 것은 아닙니다. 장치가 실제로 작동할 것같이 설계되어야 합니다. 희찬이는 오렌지를 주스로 만들어 침대까지 운반해 주는 장차를 무려 21단계로 구성하였습니다. 희찬이의 작품은 도르래, 지레 등을 포함한 많은 도구들이 과학적으로 작동하도록 설계되어 있어 흥미를 끕니다.

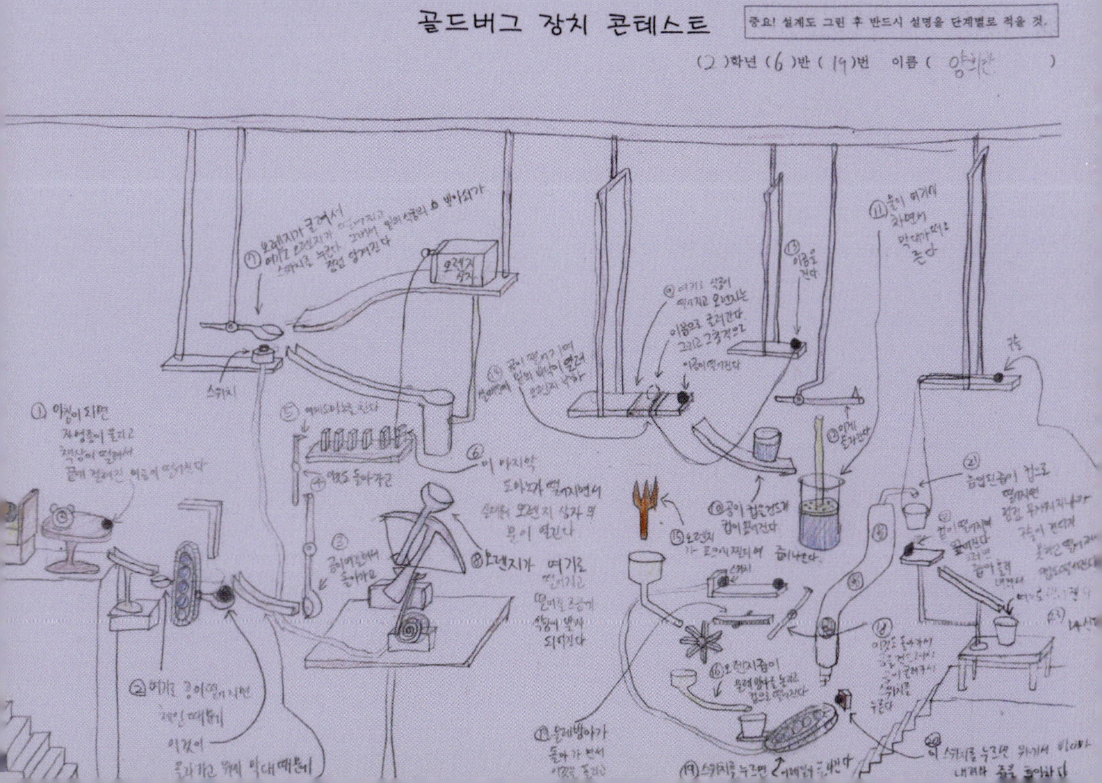

일이 무엇인가

'할 일이 많다.'라고 할 때 '일'은 무엇을 뜻하는 것일까요? 무거운 짐을 나르거나 청소를 하는 일, 가만히 앉아 전화를 받는 일이라고 흔히 말하듯이, 일은 여러 의미로 사용되고 있습니다.

그런데 물리학에서 말하는 일은 조금 독특합니다. 물리학에서 말하는 일은 물체에 힘이 작용하여 힘의 방향으로 물체가 이동한 경우만을 뜻합니다. 일의 크기는 물체에 작용한 힘의 크기에 힘의 방향으로 이동한 거리의 곱입니다. 다음의 각 예들을 보면서 각 물체에 일을 한 것인지 아닌지를 알아보기로 합시다.

- 어떤 사람이 벽을 힘껏 밀었으나 움직이지 않았다.
- 짐을 들어 올린 채 옆으로 걸어가고 있다.
- 마찰이나 중력이 없는 우주공간에서 움직이기 시작한 물체가 계속 같은 속력으로 움직이고 있다.
- 할인마트에서 쇼핑카트에 힘을 작용하여 밀고 있다.

위의 네 가지 상황 중 네 번째 것만 물리학적 의미의 일을 한 것입니다. 앞의 세 가지 상황은 모두 물리학적 의미의 일을 하지 않은 것입니다.

첫 번째 경우 벽을 밀었으나 움직이지 않았다고 하였습니다. 힘이 작용하였으나 이동한 거리가 없는 경우이므로 한 일은 0입니다.

두 번째 경우 짐을 들어 올린 채 옆으로 걸어가고 있습니다. 힘은 위로 작용하였으나 이동한 거리는 수평 방향입니다.

세 번째 경우 아무 힘도 작용하지 않는 우주공간에서 물체가 이동하고 있습니다. 힘이 0이므로 일도 0입니다.

네 번째 경우는 쇼핑카트에 힘을 작용하여 힘이 작용한 방향으로 이동한 경우입니다. 즉 물리적인 의미의 일을 한 경우입니다.

물리학적 의미의 일은 일상적 의미의 일과는 사뭇 다릅니다. 물체에 힘을 작용하여 물체가 힘의 방향으로 이동한 경우만 물리학적으로 '일'을 한 것입니다. 다음의 네 가지 경우는 일을 하지 않은 것입니다. 첫째, 힘이 작용하지 않는 경우입니다. 둘째, 힘이 작용한다고 하더라도 물체가 이동하지 않는 경우입니다. 셋째, 힘이 작용하고 물체도 이동하지만 그 방향이 서로 수직일 때는 일을 하지 않은 것입니다. 넷째, 힘이 작용하지 않았는데도 물체가 이동하였다면 일을 한 것이 아닙니다.

그렇다면 물리학에서는 왜 일을 그렇게 정의한 것일까요? 그것은 이렇게 일을 정의해 놓으면 편리한 점이 많기 때문입니다. 물리나라에서 말하는 일은 연료와 매우 밀접한 관계가 있습니다. 물체가 힘을 받아 힘의 방향으로 이동하는 경우 연료가 소비되기 때문입니다. 힘이 작용하지 않거나, 이동거리가 없거나, 힘과 이동거리가 수직인 경우 연료를 소비하지 않습니다. 정말 그럴까요?

대기권에서는 인공위성이 지구 주위를 하루에 12회 정도씩 돌고 있다고 합니다. 그런데 인공위성은 큰 연료통을 가지고 있지 않습니다. 그런데 어떻게 그렇게 빠른 속력으로 지구 주위를 한없이 돌 수가 있을까요?

우선 인공위성이 받는 힘을 생각해 봅시다. 인공위성은 지구의 중심 방향으로 중력을 받습니다. 반면 인공위성의 이동 방향은 궤도의 접선 방향입니다. 다시 말하면 인공위성은 아무런 일을 하고 있지 않습니다. 따라서 연료를 소비할 필요가 없습니다. 전력 공급을 위해 태양전지연료를 이용하기는 하지만, 지구 주위를 돌아가는 데 기본적으로 연료가 필요 없는 셈입니다.

그뿐 아닙니다. 우주공간에 1977년에 발사된 보이저 1, 2호는 지금도 우주공간을 빠른 속도로 날아가고 있습니다. 어떻게 30 여 년간이나 별다른 연료 공급 없이 날아가고 있는 걸까요? 우주공간에서 일정한 속력으로 가기 위해서는 힘이 필요 없습니다. 마찰이 거의 없기 때문에 관성만으로 계속 진행합니다.

힘이 작용하지 않는 경우는 받은 일이 0입니다. 연료가 필요 없는 운동이기 때문입니다.

물리학에서 말하는 일의 양은 다음 공식과 같이 계산할 수 있습니다.

일＝힘 × 힘의 방향으로 이동한 거리

힘의 단위는 N, 이동 거리의 단위는 m입니다. 따라서 일의 단위는 Nm(뉴턴미터)인데, 1Nm를 1J(주울)이라고 정의합니다. 일의 단위인 J은 과학자 이름 줄(James P. Joule, 1818－1889. 영국의 물리학자)을 딴 것입니다. 1J은 1N의 힘으로 물체를 1m만큼 이동시켰을 때 한 일입니다. 예를 들어 작은 사과 1개 정도를 1m 위로 들어 올릴 때 한 일이 1J 정도입니다.

할인마트에서 짐을 나르는 점원의 예를 들어 보겠습니다. 점원이 2kg의 짐을 들어 올릴 때 작용해야 하는 힘은 약 19.6N($= 2\text{kg} \times 9.8\text{m/s}^2$)입니다. 19.6N의 힘을 작용하여 1m 위로 들어 올렸다고 가정하면 점원이 한 일은 19.6J입니다.

생각하는 코너

페르미에 도전하자

무게가 300톤 정도 되는 우주선 로켓을 50km 정도 높이로 쏘아 올리기 위해 필요한 일의 양은?

① 대략 10^5J

② 대략 10^{11}J

③ 대략 10^{20}J

해답 ②

2008년 4월 대한민국 최초의 우주비행사를 태운 소유즈 우주선이 우주로 발사되었다. 소유즈 우주선의 무게가 300톤 정도, 이 우주선은 50km 높이까지 올라가 1단 로켓을 분리한다. 이 높이까지 올리기 위해 대략 어느 정도의 일(J)이 필요한 것일까?
지표 부근에서 중력의 크기는 1kg당 9.8N이다. 편의상 9.8N을 대략 10N이라고 하자. 무게가 300,000kg이므로 해야 하는 일의 양은 10 × 300,000kg × 50,000m $= 1.5 \times 10^{11}$J에 달한다.

 **생각하는 코너**

알쏭달쏭 퀴즈

다음 상황이 과학적인 뜻에서 일을 한 것인지, 안 한 것인지 구분해 보자.

1. 무거운 여행가방을 힘껏 밀었으나 움직이지 않았다.

2. 여행가방을 들어 올린 상태에서 옆으로 이동했다.

3. 여행가방을 밀고 앞으로 가고 있다.

해답

1. 이동거리가 0이므로 한 일은 0이다.

2. 힘은 위로 작용하지만 이동거리는 수평 방향이다. 즉 힘의 방향으로 이동한 거리가 없으므로 한 일은 0이다.

3. 끄는 힘이 앞으로 작용하는데 이동거리도 앞쪽이므로 일을 한 것이다.

도 구

사람은 도구의 동물(호모 하빌리스)입니다. 원시시대 사용되었던 돌칼, 돌도끼 등 아주 단순한 도구들로부터, 현대 문명 하면 떠오르는 컴퓨터, 로봇, 엔진 등에 이르기까지 모두 인간의 발명품입니다.

이 장에서 다룰 도구들은 도구, 지레, 빗면, 도르래입니다. 이 도구들은 매우 간단하지만 복잡한 도구들의 기본 원리가 되는 중요한 도구들입니다.

많은 도구들은 힘의 방향이나 크기 등을 변화시켜서 일을 쉽게 하도록 도와줍니다. 예를 들어 병따개를 이용하면 병뚜껑을 어렵지 않게 딸 수 있습니다. 맨 손으로 따는 것과 비교해 보면 훨씬 쉽습니다.

지 레

대부분 시소를 타 본 경험이 있을 것입니다. 무거운 아이와 가벼운 아이가 시소를 타려면 무거운 아이는 앞쪽에, 가벼운 아이는 뒤쪽으로 앉아야 균형이 맞습니다.

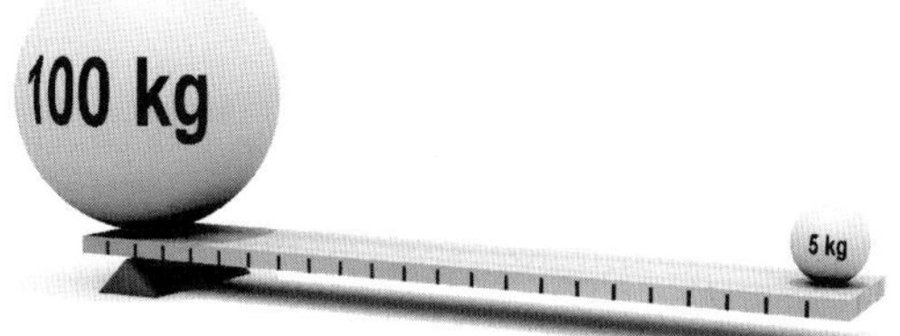

그림과 같이 100kg의 공과 5kg의 공이 균형을 이루기 위해 100kg의 공은 받침점과 가깝게, 5kg의 공은 받침점으로부터 멀리 떨어져 있어야 합니다.

이처럼 무거운 물체는 받침점으로부터 가까운 곳에, 가벼운 물체는 받침점으로부터 먼 곳에 있어야 균형을 이룹니다. 이것을 지레의 원리라고 합니다.

지레를 만들려면 긴 막대기와 받침대가 필요합니다. 무거운 바위도 지레를 이용하면 들어 올릴 수 있습니다. 막대기를 구하여 아래쪽에 자갈(받침점의 역할)을 끼운 후 막대기의 반대쪽을 힘껏 누르면 바위가 들립니다. 바위가 무거워서 아무 도구 없이는 들어 올리지 못하더라도 지레를 이용하면 들어 올릴 수 있습니다. 만일 자갈을 바위 쪽으로 더 가까이하면, 더 작은 힘으로도 들어 올릴 수가 있습니다.

지레는 세 군데 중요한 지점이 있습니다. 받침점, 힘점, 그리고 작용점입니다. 받침점은 지레를 받치는 지점입니다. 힘점은 힘이 작용하는 지점, 즉 사람이 누르는 지점을 말합니다. 작용점은 물체에 힘이 작용하는 지점으로 지레가 물체를 들어 올리는 지점을 말합니다.

〈그림 9〉

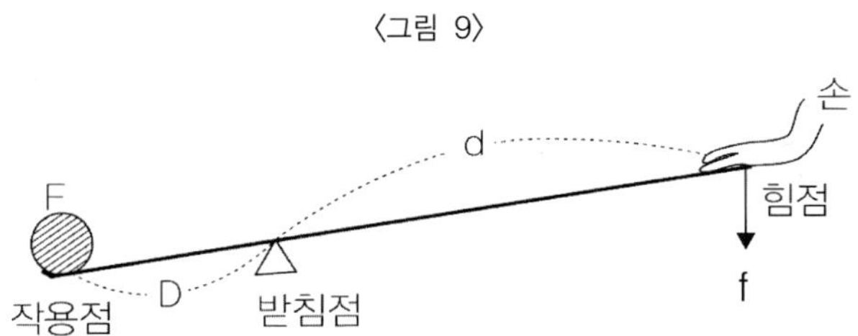

지레에서는 받침점으로부터 거리와 그 지점에 작용하는 힘의 곱이 일정합니다. 받침점으로부터 거리가 멀어질수록 작용하는 힘은 줄어듭니다. 받침점에서 가까우면 거리가 짧은 대신 힘이 크게 작용해야 합니다. 즉 다음과 같은 식이 성립합니다.

$$F_D = {}_f d$$

뼈, 근육, 관절로 이루어진 사람의 팔 역시 지레의 원리를 이용합니다. 근육이 수축을 일으키면 뼈에 힘이 작용하여 물체를 들어 올리게 됩니다. 가벼운 물체를 들어 올리기 위해 근육은 큰 힘을 내야 합니다. 받침점으로부터 힘점까지의 거리가 작용점까지의 거리보다 짧기 때문입니다. 대신 미세하게 움직임을 조절할 수 있는 장점이 있습니다.

병따개도 지레의 원리를 이용한 도구입니다. 병따개의 받침점, 힘점, 작용점의 위치가 그림과 같습니다. 작은 힘으로 손잡이 부분을 눌러도 작용점에 가해지는 힘은 커집니다. 지레의 원리가 적용됩니다.

<그림 10>

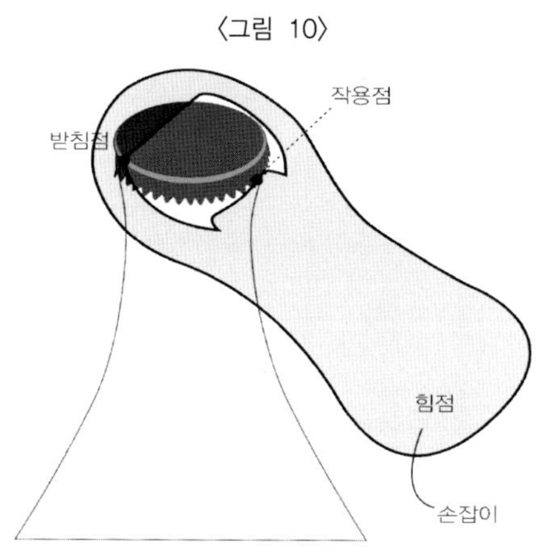

병따개의 경우 병뚜껑을 여는 부분에 큰 힘이 작용하지만, 병따개의 그 부분이 이동하는 거리는 병따개의 손잡이 부분이 이동하는 거리보다 짧습니다. 힘이 크게 증가되는 한편, 이동거리는 줄어드는 셈입니다.

일은 힘과 이동거리의 곱입니다. 병따개와 같은 도구를 사용하면 힘이 줄어드는 만큼 이동거리가 길어집니다. 결과적으로 힘과 이동거리의 곱이 일정하므로, 한 일의 양은 도구를 사용하지 않을 때와 같습니다. 이것을 도구의 원리 혹은 일의 원리라고 합니다.

앞의 지레에서 D가 1m, d가 5m라면, 무게(F)가 100N의 물체를 들어올리기 위해 얼마의 힘(f)으로 지레를 눌러야 할까?

해답

지레의 원리에 따르면 100N × 1m = f × 5m이므로 f = 20N이다.

생각하는 코너

페르미에 도전하자

1kg의 가방을 들기 위해 근육이 뼈에 작용하는 힘은?

① 대략 7N
② 대략 70N
③ 대략 700N

사람의 팔도 지레의 일종이다. 어른의 경우 팔꿈치에서 이두근이 붙어 있는 지점까지는 4cm, 손바닥까지가 30cm 정도이다. 다음 식이 성립한다.

$$F_D = fd, \quad F \times 4cm = f \times 30cm$$

따라서 이두근이 뼈에 주어야 하는 힘 F는 손바닥이 물체를 드는 힘 f의 대략 7.5배에 해당한다. 예를 들어 10N(대략 1kg)의 가방을 들기 위해서 이두근이 뼈에 작용하는 힘은 무려 75N(대략 7.5kg)에 달하는 것이다(서울대 상황물리연구실 지음, 『온몸이 물리천지』, 도서출판 이치).

도르래

도르래는 우리 생활에 깊이 관여하고 있습니다. 혹시 지나다니다가 둥근 모양의 회전바퀴에 여러 갈래의 줄이 걸려 있는 장치들을 발견한다면, 그것은 대개 도르래입니다.

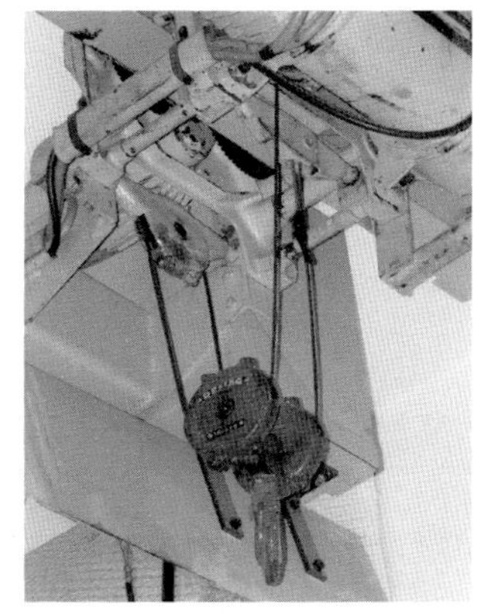

도르래는 힘의 방향을 바꿔 주거나 힘의 크기를 줄여 줍니다. 그림처럼 도르래는 거는 방법에 따라 두 가지 방식으로 작동합니다. (가)의 경우 도르래는 회전만 할 뿐 수직으로 움직이지는 않습니다. (나) 도르래는 줄을 당기면 도르래가 물체와 함께 수직 위로 올라옵니다. (가)를 고정도르래, (나)를 움직도르래라고 합니다.

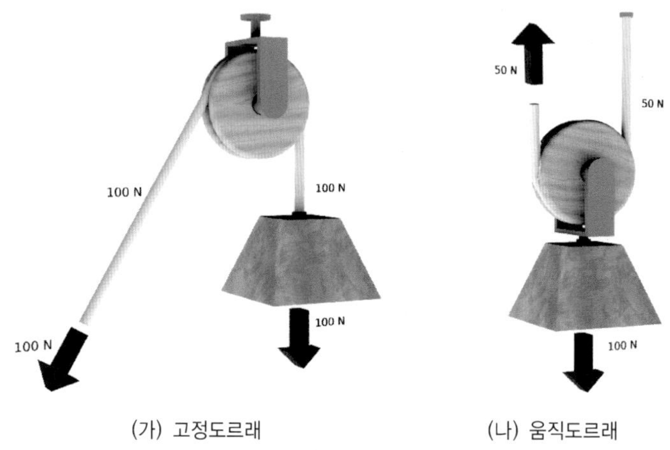

(가) 고정도르래　　　　　(나) 움직도르래

　　고정도르래는 힘의 방향을 바꿔 줍니다. 고정도르래를 이용하여 물체를 들어 올릴 때 물체를 위로 올리려면 줄은 아래로 당겨야 합니다. 고정도르래를 이용하면 힘의 방향을 전환할 수 있어 편리합니다. 그런데 고정도르래의 경우 당기는 힘의 크기 면에서 이득은 없습니다. 또 줄을 당기는 거리도 물체의 이동거리와 같습니다.

　　움직도르래는 필요한 힘을 반으로 줄여 줍니다. 두 도르래의 장점을 합친 도르래가 혼합도르래입니다. 고정도르래로 방향을 전환시키면서 움직도르래로 힘을 줄이는 것입니다. 움직도르래가 많이 연결되어 있으면 적은 힘으로도 물체를 쉽게 들어 올릴 수 있습니다.

　　움직도르래를 이용하여 봅시다. 그러나 줄을 당기는 거리는 두 배가 됩니다. 힘의 이득은 거리의 손해로 이어집니다. 그래도 힘과 거리의 곱, 즉 일의 양은 변화가 없습니다. 도르래의 경우 지레와 마찬가지로 일의 원리가 성립합니다.

무게가 300N인 물체가 있다. 그 물체를 1m 위로 들어 올리기 위해 고정도르래와 움직도르래를 각각 이용하였다.

(1) 고정도르래를 이용할 때는 얼마의 힘으로 당겨야 할까? 또 1m 들어 올리기 위해 당겨야 하는 줄의 길이는?
(2) 움직도르래를 이용할 때는 얼마의 힘으로 당겨야 할까? 또 1m 들어 올리기 위해 당겨야 하는 줄의 길이는?

해답

(1) 300N. 당겨야 하는 줄의 길이는 1m, (2) 150N. 당겨야 하는 줄의 길이는 2m이다.

엘리베이터는 도르래의 원리를 이용합니다. 고정도르래와 움직도르래가 여러 개 연결된 장치입니다. 엘리베이터 외부에 달린 도르래와 질긴 줄은 엘리베이터를 원하는 층으로 옮겨 줍니다.

▌어떤 과학자들은 엘리베이터를 이용해 우주정거장까지 가는 상상도 했다. 아주 가볍고 단단한 줄을 우주정거장까지 연결하는 것이다. 도르래의 원리를 이용하여 엘리베이터를 지구에서 우주까지 올려 보내는 것이 과연 가능할까? 물론 현재의 기술로는 어림도 없다. 그러나 탄소섬유 등 강하고 가벼운 줄이 발명되면서 이에 대한 연구가 다시 시작되고 있다.

빗 면

높은 산을 올라갈 때 수직절벽으로 암벽등반을 하는 것보다 완만한 경사로를 따라 올라가는 것이 힘이 적게 듭니다. 빗면을 이용하면 무거운 물체도 적은 힘으로 밀어 올릴 수 있습니다.

선사 시대 고인돌을 쌓을 때나 고대 이집트에서 피라미드를 건축할 때 빗면을 이용하였다고 합니다.

> ■ 고인돌 돌 하나의 무게는 백 톤이 넘는다. 이집트 피라미드 돌 하나의 무게도 수십 톤이다. 오늘날과 같은 건설 장비가 없던 그 당시에 빗면은 유용한 역할을 해 주었다.

경사면을 만들려면 단단한 판이 필요합니다. 단단한 판을 비스듬히 놓고 물체를 밀어 올리는 힘은 그 물체를 그냥 들어 올리는 힘보다 적게 듭니다.

이삿짐을 나를 때도 빗면을 자주 이용합니다. 빗면을 사용할 때 밀어 올리는 힘은 다음과 같은 관계식으로 쉽게 구할 수 있습니다.

$$\text{빗면 위로 밀어 올리는 힘} = \text{물체무게} \times \frac{\text{수직높이}}{\text{빗면의거리}}$$

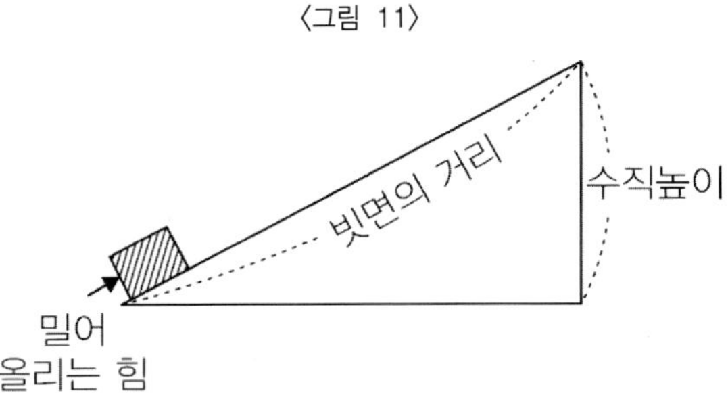

〈그림 11〉

빗면이 수직높이에 비하여 길수록 힘이 적게 듭니다. 빗면으로 밀어 올리는 경우 힘이 적게 드는 만큼 이동거리는 길어집니다. 따라서 빗면으로 밀어 올릴 때 한 일, 즉 힘과 이동거리의 곱은 빗면을 사용하지 않을 때와 같습니다. 빗면의 경우에도 일의 원리가 성립하는 것입니다. 앞 공식을 다시 적어 보면 다음과 같습니다.

빗면 위로 밀어 올리는 힘 × 빗면의 거리＝물체무게 × 수직높이

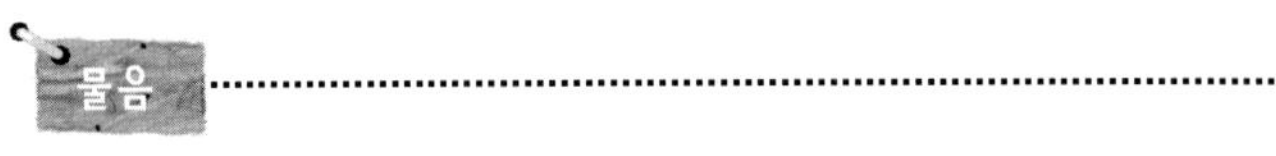

빗면의 길이가 10m, 높이가 2m인 빗면이 있다. 무게가 100N인 물체를 빗면을 따라 밀어 올리기 위해 필요한 힘은 몇 N인가?

해답

빗면으로 밀어 올리는 힘＝물체무게 × $\dfrac{수직높이}{빗면의거리}$ 따라서

$$100 \times \frac{2}{10} = 20\text{N}$$

일의 원리

아기들 장난감 중에는 공을 위쪽으로 넣으면 아래쪽으로 그 공이 튀어나오는 장난감이 있습니다. 파란 공을 넣으면 파란 공이 아래로 떨어지는데, 우리는 당연하게 여기지만 아기들은 매우 흥미로워하고 신기해합니다. 빨간 공을 2개 넣으면 빨간 공 2개가 아래로 나옵니다. 빨간 공과 파란 공을 넣으면 빨간 공과 파란 공이 아래로 나옵니다.

그런데 이 단순한 장난감은 일의 원리를 말해 주고 있기도 합니다. 지레, 도르래, 빗면을 이 장난감에 비유할 수 있습니다. 사람이 지레를 누르는 일을 하는 것은 장난감 위로 파란 공을 넣는 것에 해당합니다. 장난감 위로 파란 공을 넣으면 아래로 파란 공이 나오는 것처럼, 사람이 지레를 누르는 일을 하면 지레는 그만큼의 일을 물체에 해 주는 것입니다.

세상에 공짜는 없습니다. 장난감 위로 파란 공 1개를 넣었는데 아래쪽으로 파란 공 2개가 나올 수는 없습니다. 사람이 도구에 한 일이 10J이라면 도구는 물체에 10J만큼의 일을 할 뿐 그 이상을 할 수는 없습니다.

그러나 병따개와 같은 도구를 사용할 때 보통 일을 쉽게 한다는 느낌을 받습니다. 그것은 도구를 사용하면 힘을 적게 들이고도 일할 수 있기 때문입니다. 그러나 힘이 적게 드는 대신 이동거리가 길어진다는 것을 잊으면 안 됩니다. 결국 도구를 이용해 한 일의 양은 도구 없이 할 때와 같습니다.

도구가 편리한 이유는 도구를 사용하면 힘의 크기를 변화시키거나 힘의 방향을 바꿀 수 있기 때문입니다. 사람이 낼 수 있는 힘에는 한계가 있습니다. 비록 이동거리가 길어지더라도 결과적으로 물체에 작용하는 힘을 크게 할 수만 있다면, 사람이 할 수 있는 작업의 범위가 커집니다.

만일 도구에 마찰이 있다면 도구가 물체에 하는 일의 양은 사람이 도구에 한 일의 양보다 줄어듭니다. 장난감 비유로 돌아가 봅시다. 파란 공 10개를 넣으면 장난감 밑으로 10개의 파란 공이 나와야 정상입니다. 그런데 장난감 내부에 뭔가 문제가 생겨서 파란 공의 일부가 걸리거나 깨지는 경우를 상상해 봅시다. 파란 공 10개를 넣었지만 9개의 파란 공만 나오는 일이 발생할 수 있습니다. 사람이 도구에 10J의 일을 했지만, 도구 자체의 마찰 등으로 인해 도구는 물체에 9J의 일을 할 수도 있다는 것입니다. 예를 들어 사람이 줄을 당겨 도르래에 100J의 일을 하였지만, 도르래의 마찰 등으로 인해 물체는 90J만큼의 일만을 전달받을 수도 있습니다.

사람들이 도구를 발명한 것은 도구를 이용해서 힘의 크기나 힘의 방향 등을 변화시키기 위한 것입니다. 일을 하는 양이 늘어나는 것은 절대 아닙니다.

일 률

  직장에서 작업을 할 때 얼마나 많은 업무를 처리하는지가 중요하지만, 얼마나 효율적으로 빨리 하는지는 더욱 중요합니다. 짐을 나르는 기계의 성능을 비교할 때에도 짐을 얼마나 빠른 시간 내에 운반할 수 있는지가 중요한 사항입니다.

  일을 빨리 하는 정도를 나타내는 것이 일률입니다. 일률은 한 일의 양과 시간에 관련됩니다. 동일한 일이라도 빠른 시간 내에 하는 기계의 일률이 더 높습니다. 일률은 시간에 반비례하며 일에는 비례합니다. 다음 식이 성립합니다.

$$\text{일률} = \frac{\text{일}}{\text{시간}}$$

  일률의 단위는 일/시간이므로 J/s입니다. 그런데 J/s를 흔히 W(와트)로 정의합니다. W(와트)는 증기기관을 발명한 제임스 와트(James Watt, 1736 – 1819. 스코틀랜드의 발명가)에서 유래된 단위입니다.

  일률의 단위로 W뿐만 아니라 마력을 사용하기도 합니다. 1마력은 대략 736W에 해당합니다. 마력은 말 한 마리가 하는 일률을 자동차나 기계의 일률에서 주로 마력이라는 단위를 사용하기도 합니다.

페르미에 도전하자

승용차의 일률은 어느 정도일까?

① 대략 15W

② 대략 1,500W

③ 대략 150,000W

해답 ③

자동차가 얼마나 빠르게 달릴 수 있는지, 또 얼마나 추진력이 있는지 등을 나타내기 위해 마력이라는 단위를 사용하기도 한다. 1마력은 말 한 필이 1초당 736J의 일을 하는 것을 의미한다. 승용차의 경우 대략 200마력 정도의 일률을 가졌다고 한다. 1초당 말 200마리가 하는 일을 하는 셈이다. 이는 대략 150kW 정도의 일률에 해당한다.

 **논술·서술형을 대비하라!**

1. "힘을 작용하면 일을 한 것이다."라는 표현은 틀렸다. 왜 그런지 이유를 설명하고, 힘이 작용하여도 일을 하지 않은 경우를 찾아보시오.

2. 지레를 이용하여 자동차를 들어 올리려고 한다. 작은 힘으로도 무거운 자동차를 들어 올릴 수가 있다. 원리를 설명해 보자.

3. 고정도르래와 움직도르래의 차이점을 설명해 보자.

4. 빗면을 사용하면 힘과 이동거리에 어떤 변화가 생기는지 설명해 보자.

5. A, B, C 세 기계가 있다. 어떤 기계의 성능이 좋은지를 알아 보기 위해 비교해야 하는 것은 무엇인가? 단 각 기계가 할 수 있는 일의 양은 같다.

1. 일은 힘과 힘의 방향으로 이동한 거리의 곱이다. 따라서 힘이 작용해도 이동한 거리가 없으면 한 일은 0이다. 또 힘이 작용하여 물체가 이동하였다 하더라도 힘의 방향으로 이동한 거리가 없을 때, 즉 힘과 이동거리가 수직일 때에는 한 일이 0이다.
2. 지레를 이용하면 아무리 무거운 물체도 들어 올릴 수 있다. 자동차가 있는 작용점에서 받침점까지의 거리보다 받침점에서 힘점까지의 거리가 훨씬 길면, 작은 힘으로도 자동차를 들어 올릴 수 있다.
3. 고정도르래는 힘의 방향만 전환시키고 힘의 이득은 없다. 움직도르래는 힘을 절반만 들게 한다.
4. 빗면을 사용하면 힘이 적게 든다. 반면 이동거리는 길어진다.
5. 기계의 성능을 비교하기 위해 일률을 비교한다. 아무리 일을 많이 하는 기계라고 하더라도 시간이 오래 걸리면 가치가 떨어지기 때문이다. 따라서 같은 양의 일을 하는 데 걸리는 시간을 비교해야 한다.

물리나라 단어사전

일	물체에 힘을 작용해서 힘의 방향으로 물체가 이동하는 현상
지레	막대기와 받침점을 지닌 장치로 힘의 방향이나 크기를 조절할 수 있다. 우리 주변에는 놀이터의 시소, 병따개, 젓가락, 크레인 등 수많은 지레가 있다.
도르래	바퀴와 줄로 이루어진 도구이다. 고정도르래는 고정되어 있어, 물체를 들어 올릴 때 위아래로 이동하지 않는다. 움직도르래는 도르래 자체가 위아래로 움직인다. 움직도르래는 원래 필요한 힘의 절반만 작용해도 물체를 들어 올릴 수 있으며 이동거리는 2배이다.
빗면	경사진 면이다. 힘을 적게 작용해도 밀어 올릴 수 있다. 반면 이동거리는 길어진다.
일률	한 일의 양을 일을 하는 데 걸린 시간으로 나눈 값이다. 일의 빠르기를 의미한다.

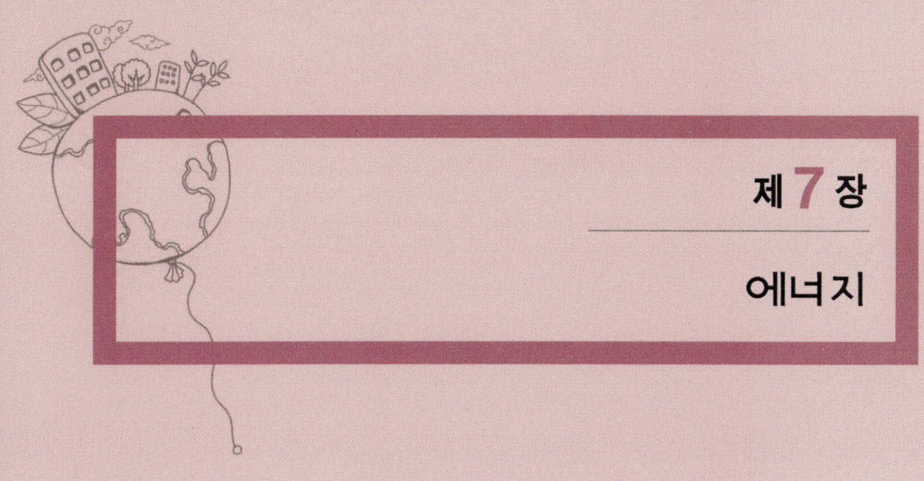

현대사회에서 우리는 많은 에너지를 소비하면서 살아가고 있습니다. 에너지소비량은 과거 어느 시기보다도 높습니다. 그런데 주요 에너지 자원인 석유나 석탄, 우라늄의 매장량은 한계가 있습니다. 이 에너지 자원들이 바닥나면 어떻게 할까요? 중학교 친구들에게 미래 사회를 상상하여 그리라고 하면, 미래 에너지 자원에 대한 상상화를 많이 그립니다. 수훈이는 미래 사회의 에너지원으로 인공태양을 골랐습니다. 실제 인공태양을 연구하는 물리학자들이 있습니다. 몇백 년이 지난 후 인간들은 도대체 어떤 에너지 자원을 사용하게 될까요?

에너지는 무엇인가

음악 소리를 내면서 움직이는 귀여운 곰돌이 장난감도 건전지가 없다면 더 이상 움직일 수 없습니다. 장난감이 움직이는 일을 하려면 건전지와 같은 것이 필요합니다. 사람이 살아가기 위해서는 음식과 공기가 필요합니다. 자동차가 움직이려면 휘발유가 필요하고, 로봇이 움직이려 해도 전기가 필요합니다. 우리 주변에서 움직이는 많은 것들은 무언가를 필요로 합니다.

아주 오래전부터 과학자들은 일을 할 수 있게 하는 무언가를 '에너지'라고 불렀습니다. 에너지라는 말의 어원은 그리스어로 '잠재되어 있는 일'입니다. 물리학자들의 정의에 따르면 에너지는 "일을 할 수 있는 능력"을 뜻합니다. 여기서 일은 앞의 장에서 배운 대로 작용한 힘의 방향으로 물체가 이동한 것을 말합니다.

곰돌이 장난감을 움직이게 한 건전지, 우리를 살아가게 하는 음식, 자동차의 연료인 휘발유는 모두 에너지를 가지고 있습니다. 그런데 에너지를 지닌 것은 건전지나 음식, 휘발유만은 아닙니다.

책상 위에 가만히 놓여 있는 가방은 에너지를 지닌 것처럼 보이지 않습니다. 그렇지만 책상 위 가방은 땅에 떨어지면서 땅에 있는 돌이 박히도록 일을 할 수 있습니다. 돌이 땅속 방향으로 힘을 받아 그 방향으로 움직였으니 일을 한 것입니다. 이렇듯 땅바닥에서 높이 올린 가방은 일을 할 수가 있습니다. 즉 에너지를 가지고 있다는 뜻입니다.

책상 위에 가방이 놓인 것은 누군가가 바닥에 있던 가방을 책상 위로 올려놓았기 때문입니다. 이 경우 가방이 에너지를 가지게 된 것은 사람으로부터 일을 받았기 때문입니다. 위쪽 방향으로 힘을 주어 옮겼으니 일을 한 것입니다. 사람이 일을 하여 가방은 에너지를 가지게 되는데 가방이 아래로 떨어지면서 다시 줄어들게 됩니다.

이처럼 물체가 외부로부터 일을 받으면 물체의 에너지가 커지고, 외부로 일을 하면 물체의 에너지는 다시 줄어들게 됩니다. 에너지와 일은 서로 전환되는 관계입니다. 그래서 에너지의 단위는 일의 단위인 J(줄)과 같습니다.

바닥에 놓인 볼링공을 보면 별다른 느낌이 없습니다. 그러나 높은 장식장 위에 아슬아슬하게 올려놓은 볼링공을 발견한다면, 그것을 옮기거나 아니면 그 근처를 피해야겠다는 기분이 듭니다. 아마도 볼링공이 떨어질 때 발생하는 피해가 두렵기 때문일 것입니다.

높은 곳에 정지해 있는 물체는 바닥으로 떨어지면서 일을 할 수 있습니다. 바닥에 놓인 다른 물체가 바닥에 박히도록 하거나, 바닥이 패일 수도 있습니다. 높은 곳의 물체 역시 에너지를 가진 것입니다. 높은 곳의 물체가 가진 에너지를 위치에너지라고 합니다.

위치에너지는 높이에 비례합니다. 지면을 기준으로 100cm 높이에서 떨어지는 볼링공은 10cm 높이에서 떨어지는 볼링공보다 10배의 일을 더 할 수 있습니다. 위치에너지는 물체의 질량에 비례합니다. 같은 높이에 있다면, 10kg의 공은 1kg의 공보다 10배의 일을 더 할 수 있습니다. 위치에너지는 다음 식으로 표현됩니다.

$$위치에너지 = 9.8 \times 질량 \times 높이$$

위치에너지를 계산할 때에는 기준면을 항상 고려해야 합니다. 아파트에서 우유팩이 떨어진다고 할 때 아파트 안 실내 바닥이 기준이라면 우유팩이 할 수 있는 일은 크지 않습니다. 우유가 꽉 찬 200㎖ 우유팩이 1m 정도 높이에서 떨어진다고 하면 대략 2J 정도의 일을 할 수 있습니다. 그러나 만일 이 우유팩이 20층에 위치하고 있고 우유팩이 창문을 통해 지면에 떨어진다면 사정은 달라집니다. 20층 높이(대략 60m)에서 떨어지는 200㎖ 우유팩이 할 수 있는 일은 큽니다. 10kg짜리 볼링공을 1m 높이에서 떨어뜨린 경우와 맞먹는 약 100J의 일을 할 수 있습니다. 몸에 맞으면 매우 위험할 수 있습니다. 그래서 아파트 창문으로는 가벼운 물건이라도 절대 던지면 안 됩니다.

물체는 위치뿐 아니라 모양에 의해서도 에너지를 가질 수가 있습니다. 예를 들어 고무줄을 당겼다가 놓으면 고무줄이 다른 물체에 일을 할 수 있습니다. 고무줄처럼 모양이 바뀌면서 물체 내부에 저장되는 에너지를 탄성 위치에너지라고 합니다. 탄성 위치에너지와 구분하기 위해 높이 있는 물체가 가진 에너지를 중력 위치에너지라고도 부릅니다.

물리학자들은 운동에너지와 위치에너지를 합쳐서 역학적 에너지라고 표현합니다.

질량 50kg인 물체가 높이 10m인 곳에 있다면 그 물체의 위치에너지는 얼마인가?

해답

위치에너지 공식은 9.8×질량×높이이므로 $9.8 \times 50 \times 10 = 4{,}900\text{J}$이다.

알쏭달쏭 퀴즈

사과가 나무에서 떨어지고 있다. 사과가 떨어지는 동안 중력과 위치에너지는 각각 어떻게 변하는가?

① 중력과 위치에너지 모두 변화 없다.

② 중력은 줄어들고 위치에너지는 변화 없다.

③ 중력은 변화 없고 위치에너지가 줄어든다.

해답 ③

지표 근처에서 중력의 크기는 별로 변하지 않는다. 그러나 사과의 높이가 줄어들면 위치에너지는 점점 줄어든다.

운동에너지

실수로 던진 야구공이나 축구공이 창문을 깨뜨리는 일을 하는 경우가 있습니다. 친구가 야구공을 힘껏 밀어내는 일을 하면 그 일은 공의 운동에너지로 전환됩니다. 그러다가 창문에 닿는 순간, 창문을 깨는 일로 다시 바뀝니다. 야구공에 맞은 유리창이 힘을 받아 움직였으니 일을 한 것입니다. 날아가는 야구공이나 축구공 역시 일을 할 수 있는 능력, 즉 에너지를 가지고 있습니다. 운동하는 물체는 에너지를 가졌는데 이를 운동에너지라고 부릅니다.

운동에너지는 물체의 질량에 비례합니다. 같은 속력이라도 볼링공의 운동에너지는 배구공의 운동에너지보다 큽니다.

또 운동에너지는 물체의 속력에 따라 크게 변합니다. 구체적으로 말하면 운동에너지는 속력의 제곱에 비례합니다. 예를 들어 야구공의 속력이 2배가 되면 운동에너지는 2의 제곱, 즉 4배가 됩니다. 야구공의 속력이 1/2로 줄어들면 운동에너지는 1/4로 줄어듭니다. 속력에 따라 민감하게 달라지는 것입니다. 운동에너지를 계산하는 공식은 다음과 같습니다.

$$운동에너지 = \frac{1}{2} \times 질량 \times 속력^2$$

예를 들어 질량이 70kg, 속력이 10m/s인 물체의 운동에너지는 $\frac{1}{2} \times 70 \times 10^2 = 3,500\text{J}$입니다. 즉 100m를 10초에 달리는 몸무게 70kgf의 육상선수는 약 3,500J의 운동에너지를 가지고 있다는 뜻입니다.

KTX 고속열차의 속력은 최고 300km/h 이상이기 때문에 사고가 날 경우 다른 기차보다 더 위험할 수 있습니다. 100km/h로 달리는 열차보다 운동에너지가 9배가 크기 때문입니다. 고속열차가 다른 물체와 충돌하면 파손되는 정도가 9배에 달할 것입니다. 따라서 충돌을 대비한 안전장치를 마련하였다고 합니다. 고속열차의 앞부분에 설치된 허니콤이라는 장치는 벌집 모양의 공간 구조를 이루고 있는데 부딪쳤을 때 충격을 흡수하도록 되어 있습니다.

질량이 10kg인 볼링공이 2m/s의 속도로 굴러 가고 있다. 이 볼링공의 운동에너지는 얼마인가?

해답

운동에너지 공식은 $\frac{1}{2} \times 질량 \times 속력^2 = 20\text{J}$이다.

페르미에 도전하자

고속열차의 운동에너지는 어느 정도일까?

① 대략 10^3 J 정도

② 대략 10^9 J 정도

③ 대략 10^{20} J 정도

해답 ②

고속열차 KTX에 승객이 탑승하였을 때 질량이 대략 700,000kg 정도이며, 최대 속력이 대략 300km/h이다. 따라서 고속열차의 운동에너지를 대략 계산해 보면 2.5×10^9 J 정도이다.

화학에너지

아주 오래전부터 인간은 나무를 태웠을 때 나오는 열과 빛을 이용했습니다. 추위도 막고 음식도 만들고 맹수의 습격도 막았습니다. 증기 기관과 같은 장치가 발명되면서 나무보다 더 많은 열을 낼 수 있는 석탄, 석유가 각광을 받았습니다. 그리고 석탄, 석유 등을 이용하여 많은 일을 할 수 있게 되었습니다.

나무, 석탄, 석유와 같이 열과 빛을 낼 수 있는 물질을 연료라고 부릅니다. 연료를 공기 중에서 태우면 연료는 산소와 결합하면서 연료 내부 분자들의 위치가 변합니다. 이때 분자들의 위치가 변하면서 열과 빛을 발생합니다. 이렇게 물질의 성질이 바뀌는 변화를 화학적 변화라고 합니다. 연료는 화학적 변화를 통하여 일을 할 수 있으므로, 화학에너지라고 부릅니다.

우리 몸에서 사용하는 연료는 음식물입니다. 몸에서 음식물을 소화시키면 영양분이 나오는데, 영양분이 산소와 결합하여 우리 몸에 필요한 열을 내게 됩니다. 마치 석탄이나 석유가 기계 속에서 그런 일을 하는 것처럼 말입니다. 따라서 음식물도 화학에너지를 가졌습니다.

건전지가 필요한 장난감 속에 건전지를 넣으면 장난감에 전기가 흐르면서 작동을 합니다. 건전지 속에 들어 있던 여러 물질들이

화학적인 변화를 일으키고 그 화학적인 변화가 전기가 흐르도록
만들어 줍니다. 따라서 건전지도 화학에너지를 가졌습니다.

▌ 우리가 보통 음식물의 영양분의 정도를 나타낼 때 cal라는 단위를 쓰는데
이것도 에너지의 단위입니다. 1kcal＝1,000cal입니다. 그리고 1kcal＝4,200J
에 해당합니다.

생각하는 코너

페르미에 도전하자

밥 한 그릇의 화학에너지는 대략 몇 J 정도일까?

① 1,000J

② 10,000J

③ 1,000,000J

해답 ③

쌀밥 한그릇의 열량이 대략 300kcal 정도이다. 1kcal ＝ 4,200J 이므
로 1,260,000J 정도이다.

열에너지

밥을 짓거나 물을 끓일 때 나오는 뜨거운 수증기는 뚜껑을 들썩거리게 하는 일을 할 수 있습니다. 그러므로 수증기도 에너지를 가졌다고 할 수 있습니다. 이런 에너지를 열에너지라고 부릅니다.

와트(James Watt, 1736 – 1819)는 뜨거운 수증기를 이용하여 일을 하게 만드는 장치를 만들었습니다. 이 장치가 수증기를 이용하였으므로 증기기관이라고 부릅니다. 오늘날의 자동차는 와트의 증기기관을 이용하지는 않지만, 연료를 태워 생긴 뜨거운 기체를 이용한다는 점에서는 같습니다.

▍ 와트의 증기기관은 새로운 발명품이 아니라 기존에 있던 뉴커먼 증기기관을 수정한 것에 불과하다는 주장도 있습니다. 그러나 와트의 증기기관은 기존 증기기관과 비교할 수 없을 정도의 높은 효율을 가졌기 때문에 와트의 증기기관이 나오자마자 뉴커먼 증기기관은 자취를 감추었습니다.

에너지의 전환과 보존

우주로 로켓을 쏘아 올릴 때 많은 양의 연료를 소비합니다. 많은 열과 빛이 나오면서 로켓은 빠른 속력으로 위로 올라갑니다. 이때 연료의 화학에너지는 점점 사라집니다. 그 대신 로켓의 위치에너지와 운동에너지는 증가합니다. 로켓에 실려 있던 연료의 화학에너지는 로켓의 위치에너지와 운동에너지로 전환되는 것입니다. 자동차의 경우도 마찬가지입니다. 자동차 연료통에 휘발유를 가득 담으면 휘발유의 화학에너지는 자동차의 운동에너지와 열에너지 등으로 전환됩니다. 이렇게 우리 주변에서 에너지는 서로 다른 형태로 전환됩니다.

그런데 과학자들은 에너지의 형태가 서로 바뀌더라도 그 전체 양은 변하지 않는다는 사실을 알아냈습니다. 연료가 가진 화학 에너지는 로켓이나 자동차의 역학적 에너지나 열에너지 등으로 모두 전환이 되는 것입니다.

에너지의 전환은 다양한 경우에 일어납니다. 높은 곳에서 떨어지는 공은 아래로 내려가면서 점점 빨라집니다. 높은 곳에 정지한 공이 가진 것은 위치에너지입니다. 공이 낮은 곳으로 떨어지면 속력이 빨라지면서 공의 운동에너지가 증가합니다. 그런데 증가한 운동에너지는 공이 떨어지면서 감소한 위치에너지와 같은 양입니다.

공이 위로 올라갈 때도 마찬가지의 현상이 일어납니다. 위로 던져 올린 농구공은 점점 속력이 느려지다가 결국 아래로 다시 떨어질 것입니다. 농구공이 처음 가지고 있던 운동에너지는 농구공이 위로 올라가는 동안 점점 위치에너지로 전환됩니다. 그러다가 다시 떨어질때에는 반대로 운동에너지가 커집니다.

만일 공이 받는 공기저항이나 마찰이 거의 없다면, 공의 운동에너지는 모두 위치에너지로 전환됩니다. 그러나 실제로는 공이 공기 저항을 받습니다. 따라서 운동에너지가 위치에너지뿐 아니라 공기 저항에 의한 열에너지 등으로 전환됩니다.

빗방울이 떨어질 때에도 마찬가지 현상이 벌어집니다. 높은 하늘에서 떨어지는 빗방울을 생각해 봅시다. 빗방울이 가지고 있던 위치에너지는 지면에 가까워지면서 운동에너지로 전환됩니다. 그런데 공기와의 마찰로 인해 빗방울이 가졌던 위치에너지의 많은 부분이 열에너지로 전환됩니다. 만일 공기 저항이 없어서 빗방울의 위치에너지가 모두 운동에너지로 전환된다면, 빗방울이 지면에 닿는 순간의 속력이 너무 큽니다. 빗방울에 맞아 지나가던 사람이 쓰러질 수도 있습니다. 아주 위험할 것입니다.

에너지의 전체 양은 보존되지만 쉽게 에너지를 저장하고 옮길 수 있는 연료는 무한하지 않습니다. 우리는 에너지 자원을 절약해야 합니다. 석유, 석탄, 우라늄 등 지하자원의 매장량에도 한계가 있고, 아직까지는 석유, 석탄, 우라늄 등을 대신할 만한 충분한 에너지자원을 확보하지 못하였기 때문입니다. 그래서 더욱 태양에너지나 바람에너지 등 대체에너지 자원의 개발이 시급합니다.

에너지 자원의 매장량에 한계가 있다는 것 외에 에너지 절약이 필요한 근본적인 이유가 또 있습니다. 자동차의 경우를 예로 들어 보겠습니다.

자동차 연료의 화학에너지는 자동차의 운동에너지로 전환되지만, 동시에 자동차의 엔진을 뜨겁게 하는 열에너지로도 전환됩니다. 이때 발생하는 열에너지는 공기 분자를 가열시키면서 주변의 온도를 높여 줍니다. 그런데 주변으로 이동한 열에너지는 다시 모아서 사용할 수가 없습니다. 이런 에너지를 폐열이라고 합니다. 거의 모든 에너지 전환과정에는 폐열이 발생합니다. 따라서 에너지의 전체 양은 보존되지만, 사용가능한 에너지의 양은 점점 줄어들게 되는 것입니다.

■ 줄은 열에너지와 일의 전환관계를 증명한 사람인데, 그가 그 관계를 증명하기 위해 처음 계획한 실험은 폭포실험이었습니다. 그는 신혼여행 중에 그 실험을 계획하였으니 평범한 인물은 아니었나 봅니다. 폭포실험이 실패로 돌아가자 그는 정교한 실험을 계획하였고 일과 열에너지 관계를 멋지게 증명하였습니다.

생각하는 코너

페르미에 도전하자

빗방울의 위치 에너지가 모두 운동에너지로 전환된다면 빗방울이 지면에 닿는 순간의 속력은 얼마나 될까?

① 대략 40m/s

② 대략 400m/s

③ 대략 4,000m/s

높이가 10,000m(10km)인 구름에서 형성된 빗방울이 가진 위치에너지는 그대로 운동에너지로 전환될 것이다.

$9.8mh = \dfrac{1}{2}mv^2$ 식에 따르면 $v = 442.7$m/s 정도이다. 거의 총알의 속력과 비슷하다.

● 논술·서술형을 대비하라!

1. 얼음판에서 썰매를 탄 친구를 밀면 친구가 앞으로 미끄러지면서 운동에너지를 가지게 된다. 그러나 어느 정도 나가다가 멈출 것이다. 이 과정에서 일어나는 에너지 전환 관계를 설명해 보자.

2. 만일 총알의 운동에너지를 증가시키고 싶다면, 총알의 질량을 2배로 하는 것이 좋을까, 총알의 속력을 2배로 하는 것이 좋을까?

3. 바닥에 있던 어떤 물체를 들어 올리는 데 100J의 일을 하였다면, 그 물체는 얼마의 위치에너지를 가지게 되었을까?

4. 지구상의 모든 물질은 화학에너지를 지녔다고 볼 수 있다. 그러나 우리가 유독 석유, 석탄 등을 연료로 사용하는 이유는 무엇일까?

5. 냉장고, 선풍기, 컴퓨터 등 전기기구들을 오래 사용하면 뜨끈뜨끈해진다. 왜 그럴까?

6. 에너지가 보존된다고 했다. 그런데 왜 에너지자원을 절약해야 하는 것일까?

1. 친구를 밀어내는 일을 하면 일은 친구의 운동에너지로 전환된다. 친구가 가지게 된 운동에너지는 바닥과의 마찰에 의해 열에너지로 전환된다.
2. 운동에너지는 질량에 비례하며 속력의 제곱에 비례한다. 속력을 2배로 하면 운동에너지는 네 배가 증가하게 되므로 더 효과적이다.
3. 받은 일이 위치에너지로 전환되므로 위치에너지는 100J이다.
4. 석유, 석탄 등은 화학에너지를 다른 에너지로 전환시키는 효율이 높다.
5. 전기기구들은 전기에너지를 다른 에너지로 전환시키는데, 그 과정에서 저항 등에 의한 열에너지가 발생한다.
6. 에너지는 보존된다. 그러나 사용가능한 에너지자원은 줄어든다. 석유, 석탄 등이 열에너지 등으로 전환될 때 분명 에너지의 전체 양은 변하지 않는다. 그러나 열에너지로 전환되어 공기 중으로 사라진 것은 다시 모을 수가 없다.

● 물리나라 단어사전

에너지	일을 할 수 있는 능력
운동에너지	운동하는 물체가 가진 에너지를 뜻한다. 예를 들어 움직이는 자동차는 운동에너지를 가진다.
위치에너지	물체의 위치로 인해 나타나는 에너지이다. 예를 들어 높은 곳의 물체는 중력 위치에너지를 지닌다. 태엽을 감은 자동차는 탄성 위치에너지를 지닌다.
화학에너지	화학 결합에 의해 물질 내부에 저장된 형태의 에너지로 연료, 음식물 등이 가진 에너지이다.
열에너지	물질 입자의 온도에 따른 에너지. 뜨거운 수증기는 열에너지를 지니고 있다.
전기에너지	전기의 흐름에 의한 에너지
에너지 전환과 보존	에너지는 생성되거나 소멸되지는 않으며 한 형태에서 다른 형태로 변환되거나 전달될 뿐, 총 에너지의 양은 변하지 않는다.

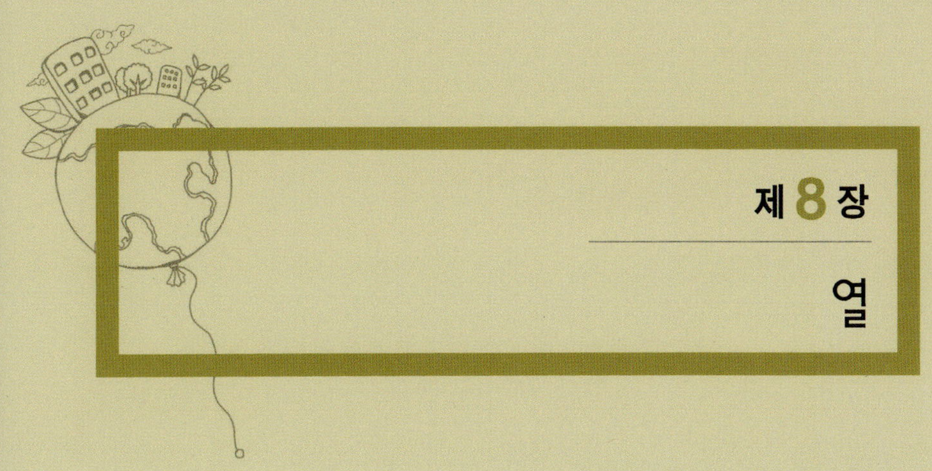

감기가 걸려 몸에서 열이 나면 여기저기 아프거나 피곤합니다. 사람의 체온은 평상시에는 대략 36.5℃ 정도입니다. 열이 올라 38℃, 39℃ 정도가 되면 견디기가 매우 힘듭니다. 고열 상태로 오래 지속되면 뇌세포에 손상이 올 수도 있습니다. 체온을 내리기 위해서 찬 물수건을 사용하기도 하고, 약을 먹기도 합니다. 그런데 '열이 난다, 열을 내린다, 열이 오른다'라는 말은 과학적으로 올바른 표현일까요? 열이란 도대체 무엇일까요? 온도와 열은 무엇이 다를까요?

온 도

어머니가 아들에게 따뜻한 물을 떠 오라고 하였습니다. 아들은 가스레인지 위에서 끓고 있는 주전자의 물을 떠서 드렸습니다. 이 경우 아들은 어머니의 말씀대로 심부름을 잘 한 것인가요? 어머니가 말한 따뜻한 물이란 이렇게 끓고 있는 물일까요, 아니면 미지근한 물을 가리킨 것일까요? 어머니는 바로 마실 물을 달라고 했는데 펄펄 끓는 물을 가지고 갔다면 분명 의사소통이 제대로 안 된 것입니다. '따뜻하다'라고 말하는 온도는 사람마다 다릅니다. 그러므로 정확하게 하려면 '온도가 몇 도이다.'라는 표현을 써야 합니다.

온도란 물질이 얼마나 따뜻한지, 차가운지를 나타내는 물리량입니다. 따뜻하거나 차갑거나 하는 느낌은 상대적입니다. 더운 여름철 그늘진 나무 밑에 들어가면 시원하다는 느낌을 가질 수 있습니다. 그러나 시원한 에어컨을 쐬고 있다가 나와서 그늘진 나무 밑으로 가면 시원하다는 느낌이 들지 않습니다. 덥다고 느낄 수도 있습니다. 그래서 과학자들은 온도계를 이용하여 따뜻하고 차가운 정도를 나타내기로 하였습니다.

온도의 단위는 보통 ℃를 사용합니다. 섭씨 단위입니다. 섭씨온도에서는 물의 어는 온도인 0℃부터 물이 끓는 온도인 100℃까지를 100등분하여 사용합니다. 또 다른 온도의 단위는 K인데, 켈빈

온도라고 불리며 표준단위계(SI)입니다. 켈빈온도의 최저 온도는 0K(=-273℃)인데 이 온도를 절대온도라고 합니다. 절대온도에서 분자들의 운동에너지는 0입니다. 실제로 분자들이 이 온도에 도달한 경우는 거의 없습니다.

물질을 구성하는 원자나 분자들은 움직이고 있습니다. 물론 너무 작아 눈에 보이지는 않습니다. 고체 상태에서도 입자들이 제자리 진동을 하고 있으며 액체를 이루는 입자들은 그보다 활발히 움직입니다. 기체 입자는 움직이는 속도가 매우 빠릅니다. 그들이 움직이고 있기 때문에 그들은 운동에너지를 가집니다. 그 입자들이 더 빨리 움직일수록 더 많은 운동에너지를 가진 셈입니다. 입자의 운동에너지가 더 클수록 그 물질의 온도가 높은 것입니다.

생각하는 코너

페르미에 도전하자

프라이팬에 돼지고기를 구우면 기름이 흐르지만, 식으면 하얗게 굳는 것을 볼 수 있다. 돼지고기의 지방이 굳는 온도는 대략 몇 도 정도일까?

① 5℃

② 30℃

③ 60℃

해답 ②

돼지기름이 녹았다가 굳는 온도는 대략 28℃~30℃ 정도이다.

온도의 측정 원리

온도를 측정하려면 온도계를 사용하면 됩니다. 주변에서 흔히 보는 온도계 안에 있는 빨간 액체는 알코올입니다. 온도계를 물질 내부에 놓고 가만히 놓아두면 알코올 내부의 분자들의 운동에너지가 달라집니다. 따뜻한 곳에 놓아두면 분자운동이 활발해져서 알코올이 차지하는 부피가 커집니다. 그러면 가는 관 내부에 있는 알코올이 점점 위로 올라갑니다. 옆으로는 팽창할 수 없기 때문에 위로만 올라갑니다. 반대로 차가운 곳에 놓아두면 분자운동이 약해져서 부피가 줄어듭니다. 이렇게 되면 우리 눈에는 온도계 눈금이 낮아진 것으로 보입니다.

입자들이 자유롭게 움직이는데다, 제각기 다른 속력으로 움직이고 있기 때문에 입자 하나하나의 운동에너지는 다 다릅니다. 그런데 우리가 주변에서 보는 물체들은 워낙 작으면서도 많은 수의 입자들로 이루어져 있습니다. 물질의 온도를 측정하는 것은 그 물질을 이루는 입자의 전체 운동에너지에 대한 평균값입니다.

열

　우리는 흔히 감기에 걸리면 열이 난다고 말합니다. 그래서인지 열을 뜨거운 온도라고 생각하기 쉽습니다. 그런데 열의 정확한 정의는 이와 다릅니다. 열은 온도가 다른 두 물체 사이에서 전달되는 에너지를 뜻합니다.

　여러분은 왜 어떤 물체를 차게 느끼고, 또 어떤 물체는 따뜻하게 느낄까요? 차가운 물체를 차게 느끼는 이유는 우리가 차가운 물체를 만질 때 우리 몸의 에너지가 차가운 물체 쪽으로 이동하기 때문입니다. 의사 선생님이 청진기를 여러분의 배에 대면 흠칫 차갑다고 느낄 것입니다. 여러분의 체온보다 청진기의 온도가 낮기 때문에 에너지가 여러분의 몸에서 청진기 쪽으로 흘러가기 때문입니다.

　감기에 걸린 사람의 이마를 손으로 만지는 경우에는 어떤 현상이 일어날까요? 감기에 걸리면 아픈 사람의 체온이 올라갑니다. 아프지 않은 사람이 손으로 아픈 사람의 이마를 만지면 이마의 온도가 손의 온도보다 높아 이마에서 손으로 열이 이동합니다. 보통 '열이 난다, 열이 높다'라고 말하는데, 사실은 온도가 높은 것입니다.

　온도가 다른 두 물체가 접촉하면 언제나 에너지 전달이 일어납니다. 에너지는 온도가 높은 물체에서 온도가 낮은 물체 쪽으로 이동합니다. 온도가 다른 물체를 가까이 두면 온도가 높은 입자가 온도가 낮은 입자에 운동에너지 일부를 주게 됩니다. 이 에너지의 이동은 접촉한 두 물체의 온도가 같아질 때까지 계속됩니다. 온도가 같아지면 더 이상 열의 이동이 없게 됩니다. 이것을 열적인 평형 상태에 이르렀다고 합니다.

생각하는 코너

알쏭달쏭 퀴즈

20℃의 수영장 물 표면에 90℃의 물이 가득 담긴 주전자바닥을 대었다. 열은 어디에서 어디로 전달될까?

① 수영장에서 주전자로

② 주전자에서 수영장으로

③ 양쪽으로

해답 ②

열은 온도가 높은 쪽에서 낮은 쪽으로 전달된다. 질량은 수영장이 훨씬 커도 온도는 주전자가 높으므로, 주전자에서 수영장으로 열이 전달된다.

열팽창

고체나 액체, 기체는 모두 온도가 올라가면 입자들의 운동에너지가 커집니다. 입자의 운동에너지가 빨라지면 속력이 크므로 입자들이 차지하는 공간, 즉 부피가 늘어나게 됩니다. 찌개나 밥이 끓을 때 부글부글 끓어오르다가 자칫 넘치는 경우가 있습니다. 온도가 높아져서 찌개나 밥물이 차지하는 부피가 커지게 된 것입니다. 열의 출입에 의하여 부피가 변하는 현상을 열팽창이라고 합니다.

다리미를 다릴 때 톡, 톡 하고 끊어지는 듯한 소리가 납니다. 바이메탈이라는 것이 내는 소리입니다. 다리미 속에는 바이메탈이 들어 있는데, 바이(bi)는 둘, 메탈(metal)은 금속을 말합니다. 온도에 따른 열팽창률이 다른 고체 2개를 붙여 둡니다. 열팽창을 잘 하는 고체와 잘 하지 않는 고체를 붙여 놓았다는 뜻입니다. 온도가 올라가면 열팽창을 잘 하지 않는 금속 쪽으로 휘어지는데, 이렇게 휘어지면 스위치가 꺼지듯이 전기의 흐름이 끊어지도록 장치해 두었습니다. 전기 난방기나 에어컨과 같이 전기를 이용해 일정한 온도를 유지하는 장치에는 거의 모두 바이메탈 장치가 있습니다. 바로 금속의 열팽창을 이용한 것입니다.

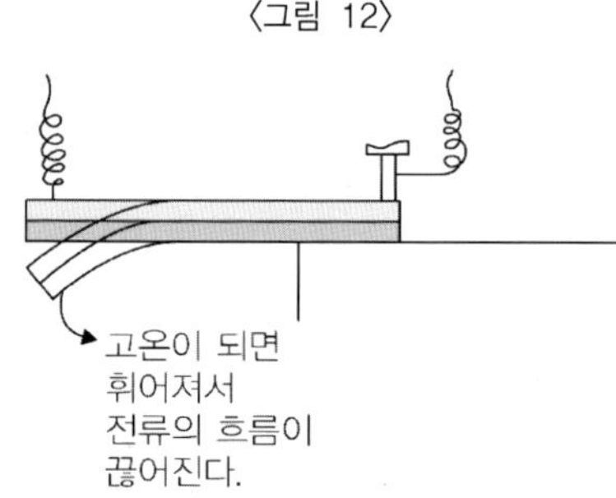

〈그림 12〉

열기구는 기체의 열팽창을 이용한 것입니다. 열기구 내부의 기체를 가열하면 기체가 열팽창을 합니다. 기체가 열팽창을 하면 기체 분자와 분자 사이의 거리가 멀어지므로 밀도가 주위보다 작아집니다. 그 결과 위로 둥실둥실 떠오르게 되는 것입니다.

 **생각하는 코너**

페르미에 도전하자

길이가 50cm인 알루미늄막대의 온도를 100℃ 높이면 막대는 어느 정도 늘어날까?

① 0.005mm

② 0.02mm

③ 1mm

해답 ③

실험 결과에 의하면 길이가 1m인 알루미늄막대의 온도를 1℃ 높이면 막대가 대략 0.000023m(즉 0.023mm) 늘어난다. 따라서 50cm인 막대를 100℃ 더 높이면 대략 1mm 늘어난다고 할 수 있다.

전 도

찌개가 끓고 있는 냄비에 쇠 국자를 놓으면 국자가 점점 뜨거워집니다. 나중에는 국자의 손잡이까지 뜨거워집니다. 손잡이 부분은 찌개에 직접 닿지 않았는데 어떻게 뜨거워진 것일까요? 바로 전도 현상이 일어난 것입니다. 전도란 접촉하여 있는 두 물체의 온도가 달라 열에너지의 이동이 일어나는 현상을 의미합니다.

한 물체가 다른 물체와 접촉하면 입자들이 충돌합니다. 온도가 높은 물질 내부의 열에너지가 낮은 온도의 물질로 이동합니다. 입자들이 충돌하면서 높은 에너지를 가진 입자의 운동에너지가 낮은 온도의 에너지로 전달되는 것입니다. 이렇게 점점 옆으로 열에너지가 전달되면서 온도가 높아집니다. 이런 과정을 통하여 전도가 일어납니다.

■ 열을 잘 전달하는 물질과 전달하지 못하는 물질들
열을 잘 전달하는 물질들: 머리 고데기, 프라이팬, 냄비, 다리미 등의 금속 부분
열을 전달하지 못하는 물질들: 면 옷, 세라믹 그릇, 플라스틱 손잡이 등

대 류

    액체나 기체 속에서 열에너지가 전달되는 방법이 대류입니다. 주전자의 물을 끓이면 주전자 물이 먼저 뜨거워집니다. 뜨거워진 물은 차가운 물에 비하여 부피가 크고 밀도가 작습니다. 그러므로 부력이 커져 뜨거운 물 분자들은 위로 올라가고 차가운 물은 아래로 내려오는 것입니다. 차가운 물은 밑에서 가열되어 다시 위로 올라갈 것입니다. 이런 과정을 되풀이하면서 전체적으로 물의 온도가 올라갑니다. 이와 같이 액체나 가스가 온도가 달라 밀도의 차이에 의해 전체적으로 순환하면서 열이 전달되는 현상을 대류라고 합니다. 고체에서 주로 일어나는 전도와 달리, 대류가 일어날 때에 액체나 기체 입자는 직접 이동합니다.

복 사

에너지가 전자기파의 형태로 전달되는 것을 복사라고 합니다. 적외선이나 가시광선의 형태입니다. 이 형태는 진공에서도 이루어질 수 있습니다. 태양의 열에너지가 지구에 도달하는 것도 복사현상의 일종입니다. 태양과 지구 사이는 진공이라서 열의 전도나 대류가 일어나지 않지만, 복사가 되어 지구까지 에너지가 전달되는 것입니다.

생각하는 코너

알쏭달쏭 퀴즈

다음 각 현상이 전도, 대류, 복사 중 어떤 현상인지 적으시오.

(1) 난로 가까이 서 있으면 얼굴이 매우 뜨겁다.

(2) 난로를 켜 놓으면 난로 테두리의 온도가 점점 높아진다.

(3) 난로를 켜 놓으면 방안 공기의 온도가 점점 높아진다.

해답

(1) 복사 (2) 전도 (3) 대류

난로 주변에서 난로의 열에너지가 복사되어 매우 뜨겁다. 난로를 켜 놓으면 테두리로 열이 전도되어 점점 가열된다. 난로를 켜 놓은 방안의 공기는 대류 현상에 의해 점점 따듯해진다.

비 열

여름철에 야외 수영장 미끄럼틀 손잡이는 뜨겁지만 수영장물은 차가워 깜짝 놀란 적이 있나요? 이것은 물과 철의 비열이 다르기 때문입니다.

비열은 1kg의 물체의 온도를 1℃ 높이는 데 필요한 열에너지를 뜻합니다. 비열이 작다는 것은 물체의 온도를 올리기 위해서 열에너지를 조금만 가해도 된다는 뜻이라고 생각할 수도 있습니다. 물질마다 비열이 다릅니다.

대부분의 금속은 비열이 작습니다. 그러나 물의 비열은 매우 큽니다. 따라서 금속과 물을 동시에 가열한다고 할 때 금속이 훨씬 빨리 뜨거워집니다. 야외 수영장 미끄럼틀 손잡이와 물의 온도가 다른 이유는 비열의 차이 때문인 것입니다.

비열과 열, 물질의 온도 사이에는 다음과 같은 관계식이 성립합니다.

$$열 = 비열 \times 질량 \times 온도의 변화$$

여러 가지 물질들의 비열은 다음 표와 같습니다. 물이 철에 비하여 비열이 거의 10배 가까이 크다는 것을 알 수 있습니다.

물질	비열(J/kg℃)	물질	비열(J/kg℃)
납	128	유리	837
금	129	알루미늄	899
구리	387	얼음	2090
철	448	물	4184

생각하는 코너

페르미에 도전하자

철 1kg과 물 1kg이 있다. 1℃ 높이기 위해 물은 철보다 몇 배의 연료가 더 필요할까?

① 대략 비슷하다

② 대략 10배 정도

③ 대략 100배 정도

해답 ②

물의 비열은 철의 비열의 대략 10배 정도이다. 따라서 연료도 10배가 더 필요하다.

생각하는 코너

페르미에 도전하자

1kg의 물의 온도를 10℃에서 100℃로 올리는 에너지는 대략 몇J 정도일까?

① 대략 3,700J

② 대략 37,000J

③ 대략 370,000J

10℃의 물을 100℃까지 올리는 데 약 377,000J의 에너지가 필요하다. 이 정도의 에너지로 100W의 백열전구를 1시간 남짓 켜 놓을 수 있다.

● 논술·서술형을 대비하라!

1. 온도와 열을 구별하여 각각 설명하시오.

2. 프라이팬의 손잡이는 보통 나무 등으로 되어 있다. 그 이유는 무엇일까?

3. 수영장 물에 들어갈 때 차갑게 느끼는 이유는 무엇일까?

4. 다음의 세 가지 현상이 각각 전도, 대류, 복사 중 어느 것에 해당하는지 구분하여 적어 보자.

(가) 프라이팬에 젓가락을 올려놓으니 젓가락 손잡이 부분이 뜨거워졌다.

(나) 난로 앞에 있으면 얼굴이 화끈거린다.

(다) 겨울에 창문을 열면 아래쪽으로 찬 공기가 들어온다.

1. 온도는 물질의 따뜻하고 차가운 정도를 나타내는 물리량이다. 열은 온도가 다른 두 물체가 접촉하여 있을 때 전달되는 에너지를 뜻한다. 열은 두 물체의 온도가 같아질 때까지 이동한다.
2. 나무는 철에 비하여 열이 전달되는 정도가 느리다. 따라서 프라이팬 바닥이 금방 뜨거워져도 손잡이는 덜 뜨거워지는 것이다.
3. 수영장 물의 온도는 체온에 비하여 낮다. 따라서 몸에서 물로 열이 이동하므로 차갑게 느낀다.
4. (가) 전도, (나) 복사, (다) 대류

물리나라 단어사전

온도	물질이 얼마나 따뜻한지, 차가운지를 나타내는 물리량
열	온도가 다른 두 물체 사이에서 전달되는 에너지
열에너지	물질을 이루는 원자나 분자들의 운동에너지를 모두 합친 에너지
열팽창	열의 출입에 의하여 부피가 변하는 현상
전도	접촉한 두 물체의 온도가 달라 열에너지가 이동하는 현상
대류	온도가 다른 액체나 가스가 밀도의 차이에 의해 전체적으로 순환하면서 열이 전달되는 현상
복사	에너지가 전자기파의 형태로 전달되는 것
비열	비열은 1kg 물체의 온도를 $1℃$ 높이는 데 필요한 열의 양

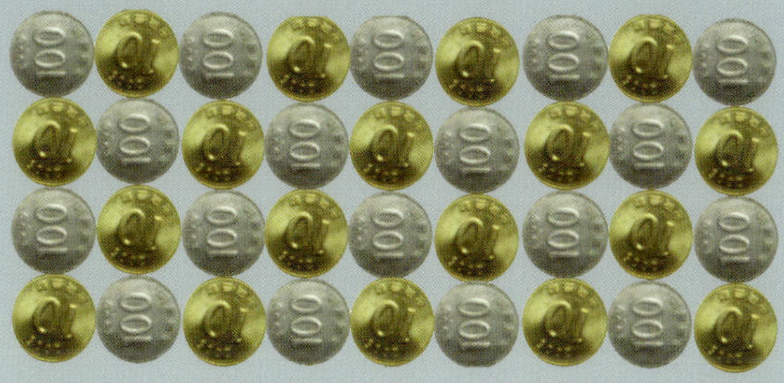

전기의 원인을 이해하기 위해서는 이 세상의 물질을 이루고 있는 원자에 대하여 알아야 합니다. 원자는 매우 작습니다. 동전 한 개에 대략 2×10^{22}개의 원자가 있습니다. 만일 원자를 동전만한 크기로 확대한다면 동전 한 개는 아시아대륙만큼 커집니다.

2×10^{22}을 길게 늘려 쓰면 20,000,000,000,000,000,000,000. 지구에 사는 전체 인구는 6,000,000,000명입니다. 동전 하나에 들어 있는 원자의 수가 지구에 사는 사람의 수보다 훨씬 많습니다. 원자 내부에는 원자핵과 전자가 있는데, 원자핵 주변에 전자가 돌고 있다고 합니다. 전자는 전기 현상에서 중요한 역할을 하고 있습니다. 간단히 말하자면, 수많은 전자들이 도선 속을 움직이도록 함으로써 우리는 전기 문명 속에서 편안하게 살아갈 수 있습니다.

전기의 원인

비닐랩을 떼어서 그릇을 덮으면 비닐랩이 그릇에 잘 붙습니다. 플라스틱 머리빗으로 머리를 빗으면 머리카락이 빗에 붙습니다. 풍선에 붙은 머리카락을 떼어 내는 일은 성가신 일입니다. 떼어 내어도 다시 달라붙곤 합니다. 마른 종이는 서로 붙지 않지만 종이에 물을 묻히면 서로 들러붙습니다. 털 스웨터를 벗으면 머리카락이 곤두섭니다. 서로를 밀어내는 모양처럼 말입니다. 이 현상들은 모두 전기력에 의해 일어나는 현상입니다.

사실 이 세상의 모든 물체는 전기와 깊이 관련되어 있습니다. 모든 물질은 원자라는 눈에 보이지 않은 작은 입자들로 구성되어 있습니다. 그리고 원자는 원자핵과 그 주변을 돌고 있는 전자로 이루어져 있습니다. 원자핵은 양전기(+ 전기)를 띠고 전자들은 음전기(- 전기)를 띱니다. 원자핵의 양전기와 전자의 음전기는 전기적인 양이 같기 때문에, 모든 물체는 평상시에 전기적으로 중성인 것입니다.

그런데 어떤 원인에 의해 일부 전자가 떨어져 나가기도 합니다. 전기적으로 중성인 상태에서 일부 전자가 사라지면 그 물체는 양전기를 띠게 되고, 전자를 더 받으면 음전기를 띠게 됩니다.

일단 물체들이 전기를 띠게 되면 물체들 간에 전기력이 작용합니다. 같은 전기를 띤 물체끼리는 서로를 밀어내고, 반대 전기를 띤 물체끼리는 서로를 당깁니다. 같은 전기를 띤 물체 사이에 작용하는 밀어내는 힘을 척력, 반대 전기를 띤 물체 사이에 작용하는 당기는 힘을 인력이라고 부릅니다.

물체가 전기를 띠게 되는 현상을 '대전'이라고 하고, 전기를 띤 물체를 '대전체'라고 합니다. 대전체가 지닌 전기의 양을 '전하량'이라고 합니다. 전하량의 단위로 C(쿨롱)을 씁니다. 1C은 원자를 돌고 있는 전자가 6.25×10^{18}개 모인 전하량입니다. C(쿨롱)이라는 단위는 전기력에 관한 중요한 법칙을 발견한 프랑스 물리학자 찰스 쿨롱(Coulomb, Charles Augustin de, 1736~1806)의 이름을 딴 것입니다.

■ 데이비드 보더니스는 이 세상에 전기력이 사라지면 어떤 일이 벌어질까를 상상해서 다음과 같이 서술했습니다.
"지구의 모든 바다들이 위로 솟구쳐 올라 증발할 것이다. 우리 몸속의 DNA 분자 가닥들도 서로 뭉치지 않을 것이다. 대기를 호흡하는 생명체 중에 용케 살아남은 것이 있다 해도 금세 질식하게 된다(데이비드 보더니스, 일렉트릭 유니버스. p.14)."

마찰 전기

전기적으로 중성이었던 물체를 마찰시키면 전자들이 이동하여 전기를 띠게 되는 경우가 생깁니다. 마찰로 인해 물체가 전기를 띠는 것을 마찰전기라고 부릅니다. 두 물체를 마찰시킬 때 전자를 잘 잃는 물체는 양전하로 대전되고, 전자를 잘 얻는 물체는 음전하로 대전됩니다.

플라스틱 머리빗으로 머리를 빗을 때 마찰전기에 의해 머리빗에 머리카락이 붙는 것을 볼 수 있습니다. 머리빗으로 머리를 빗으면 머리카락에 있던 전자들은 빗으로 이동합니다. 머리카락은 양전하로 대전되고, 머리빗은 음전하로 대전됩니다. 머리카락과 빗이 서로 다른 전기를 띠므로, 머리카락이 빗에 붙는 것입니다.

털옷으로 빨대를 문지르면 흥미로운 현상을 볼 수 있습니다. 빨대를 가까이하면 다른 빨대가 밀려나고 털옷을 가까이하면 빨대가 털옷에 붙으려 합니다. 빨대와 빨대 사이에는 같은 극이 형성된 것이며, 빨대와 털옷 사이에는 반대 극이 형성된 것입니다. 털옷은 전자를 잘 잃어버리기 때문에 양전하로 대전되었고, 빨대는 전자를 잘 얻기 때문에 음전하로 대전되었습니다. 따라서 털옷과 빨대 사이에는 인력이, 빨대와 빨대 사이에는 척력이 작용합니다.

정전기 유도

플라스틱 볼펜을 털옷으로 문지른 다음 작은 종잇조각에 가까이 가져가면 종잇조각이 붙는 것을 볼 수 있습니다. 이때 볼펜은 털옷에 의해 마찰전기를 가지게 되었습니다. 그러나 작은 종잇조각은 전기적으로 중성입니다. 그런데 왜 볼펜과 종잇조각 사이에 인력이 작용한 것일까요?

전기적으로 중성인 종잇조각에 −전기를 띤 볼펜이 가까이 오자, 볼펜에 가까이 있던 전자들이 척력에 의해 더 멀어지려고 합니다. 종이의 윗부분에는 양전하가, 아래쪽에 음전하가 유도됩니니다. 이런 현상을 '정전기 유도'라고 합니다. 유도라는 말은 꾀어낸다는 뜻도 가지고 있습니다. 마치 일상생활에서 누군가를 꾀어내는 것처럼 정전기 유도란 전기를 띤 물체가 다른 물체의 전기적인 상태를 변경시키는 것을 말합니다. 종이의 윗부분에 양전하가 유도되었으므로 볼펜과 종잇조각 사이에는 인력이 작용하게 되었습니다.

이런 현상은 부엌에서도 흔히 볼 수 있습니다. 흔히 사용하는 비닐랩은 바로 정전기 유도를 이용한 것입니다.

비닐랩을 떼어 내면 전자들이 일부 떨어져나가 비닐랩이 양전하로 대전됩니다. 그릇은 원래 중성이었는데 양전하로 대전된 비닐랩이 가까이 오면 전자들이 전기적 인력에 의해 비닐랩 쪽으로 오게 됩니다. 그리고 인력에 의해 비닐랩이 그릇에 달라붙게 됩니다.

▍전기력은 사실 매우 큰 힘입니다. 작은 종잇조각이 빗에 달라붙는 것을 생각해 봅시다. 전기력이 없다면 중력에 의해 땅으로 떨어집니다. 하지만 몇 번 머리빗을 마찰시키기만 해도 종잇조각에 작용하는 전기력이 중력보다 커서 종잇조각이 빗에 붙어 있게 됩니다.

생각하는 코너

알쏭달쏭 퀴즈

속이 모두 꽉 찬 쇠구슬이 있다. 이 쇠구슬은 원래 중성이었는데 쇠구슬 표면 A점에 100개의 전자가 옮겨졌다. 잠시 후 쇠구슬의 전자들은 어디에 몰려 있을까?

① A점 근체에 있다

② 쇠구슬의 중심에 몰려 있다.

③ 쇠구슬 표면에 골고루 퍼져 있다.

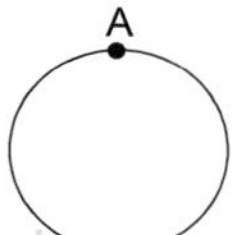

해답 ③

전자들은 서로 밀어내려고 하는 성질이 있으므로 한 곳에 몰리지 않으려고 한다. 처음에는 A점에 전자가 옮겨졌지만, 곧 전자들은 최대한 멀리 떨어져 있으려고 한다. 따라서 ③과 같이 표면에 골고루 퍼지게 된다.

검전기

검전기는 정전기유도현상을 이용하여 물체가 가진 전하의 양을 알아내는 장치입니다. 검전기는 그림처럼 금속판과 금속막대, 얇은 금속박, 유리병, 그리고 전기가 통하지 않는 마개로 되어 있습니다.

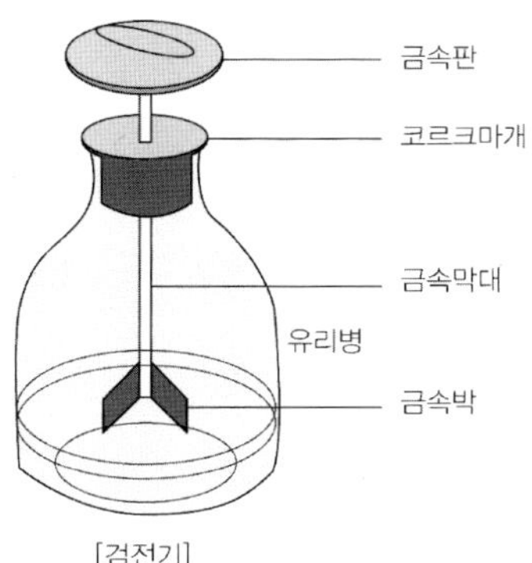

[검전기]

만일 음전기를 띤 물체를 금속판 근처에 가져가면 위쪽 금속판의 전자들에 척력이 작용하므로 아래쪽의 얇은 금속박 쪽으로 이동합니다. 그러면 금속판은 양전하로 대전되고 금속박들은 음전하로 대전됩니다. 음전하로 대전된 금속박들은 서로 밀어내므로 금속박이 벌어지게 됩니다.

만일 양전하로 대전된 물체를 금속판 근처에 가져가면 어떻게 될까요? 아래쪽 금속박의 전자들이 위 금속판 쪽으로 끌려올 것입니다. 그러면 이번에는 금속판이 음전하로 대전되고 아래쪽 금속박들은 양전하로 대전됩니다. 양전하로 대전된 금속박들은 서로 밀어내므로 이 경우에도 금속박은 벌어집니다.

양전하로 대전된 물체를 금속판에 가져간 상태에서 손가락으로 금속판을 만진다면 아래쪽 금속박의 전자들은 손가락을 통해 빠져 나가 버립니다. 가급적 멀리 가고 싶기 때문입니다. 금속박의 전자들은 금속박이 중성으로 될 때까지 손가락을 타고 이동합니다. 결국 금속박은 전기적으로 중성이 되어 원래처럼 붙게 됩니다.

> ■ 지면에 서 있는 사람이 대전체에 손가락을 대면 우리 몸을 통해 전하가 땅으로 빠져나갑니다. 예를 들어 대전체가 전하로 대전되어 있으면 남아도는 전자가 땅으로 이동합니다. 이 현상을 접지라고 합니다. 한자로는 땅에 닿는다는 뜻입니다. 집이나 옥상에 설치한 피뢰침도 일종의 접지입니다. 번개는 대전된 구름 때문에 생깁니다. 그런데 구름이 가진 전하들이 피뢰침을 통해 땅으로 이동할 수 있습니다. 만일 피뢰침이 없다면 구름의 전하들이 사람이나 나무 등을 통해 땅으로 이동할 것입니다. 이것이 바로 벼락을 맞는 것입니다. 그 경우 사람이나 나무가 큰 충격을 받을 것입니다.

양전하 혹은 음전하로 대전된 물체의 전하량은 금속박이 벌어지는 정도에 영향을 줍니다. 전하량이 많으면 많이 벌어집니다. 따라서 우리는 금속박이 벌어진 정도를 통해 전하량이 어느 정도인지 추측할 수 있습니다.

● 논술 · 서술형을 대비하라!

1. 다음 두 현상은 서로 비슷하지만 조금 다르다. 어떤 점이 다른지 설명해 보자.

(1) 빨대와 그 빨대로 마찰한 털옷을 가까이하면 서로 달라붙으려고 한다.

(2) 털옷으로 마찰한 빨대를 종잇조각에 가져가면 종잇조각이 달라붙으려고 한다.

2. 우리 주변에서 전기력에 의한 효과가 별로 나타나지 않는 이유는 무엇인가?

1. (1)에서는 털옷의 전자가 빨대로 일부 이동한다. 마찰전기가 생긴 것이다. 빨대(−)와 털옷(+)이 서로 반대 전기를 띠었기 때문에 인력이 작용한 것이다. (2)는 정전기 유도현상이다. 빨대는 − 전기를 띠었고, 종잇조각은 전기를 띠지 않았다. 하지만 둘이 가까워지면 빨대의 − 전기 때문에 종잇조각에서 빨대와 가까운 쪽은 + 로 대전되어 인력이 작용한다. 하지만 전자가 다른 물체로 이동한 것은 아니라는 점에서 (1)과 다르다.

2. 대부분의 원자는 전기적으로 중성이다. 그래서 평소에는 전기력이 잘 드러나지 않는다. 하지만 마찰을 시키는 것과 같이 특별한 변화가 생기면, 전자가 이동하여 전기적인 균형이 깨지므로 전기력이 작용한다.

물리나라 단어사전

대전	물체가 전기를 띠게 되는 현상
전하량	대전체가 지닌 전기의 양
마찰전기	마찰로 인해 물체가 전기를 띠는 것
정전기 유도	전기를 띤 물체가 중성인 물체의 전기적인 상태를 변경시키는 것
검전기	정전기 유도 현상을 이용하여 물체가 가진 전하의 양을 알아내는 장치
전하	물체가 띠고 있는 전기적인 성질. 양전하와 음전하가 있음

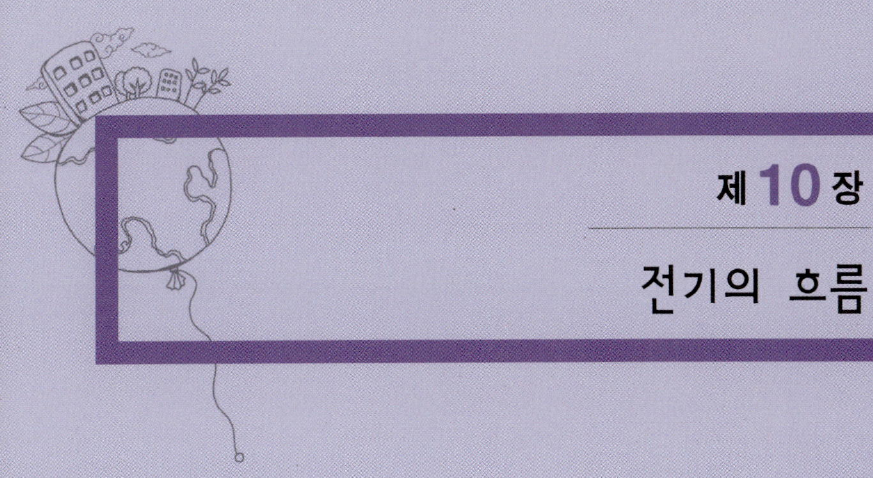

만화를 보면 전기에 감전이 되어 해골이 드러나는 그림들을 간혹 볼 수 있습니다. 물론 실제로 전기에 감전이 될 때 뼈가 보이는 것은 아닙니다. 하지만 이렇게 충격적인 장면으로 나타낼 만큼 전기에 감전이 되면 큰 충격을 받습니다. 이런 장면이 나오는 이유는 사람의 몸에 전기가 흐를 수 있기 때문입니다. 전기가 흐른다는 것은 무엇일까요? 전기가 흐르는 이유는 무엇일까요?

전 류

　머리빗에 먼지나 머리카락, 종잇조각 등이 달라붙는 현상을 마찰전기라고 하는데, 전기에 관한 연구 초기에 과학자는 금방 생겼다가 사라지는 마찰전기에 깊은 관심을 가졌습니다.

　18세기 이탈리아의 과학자 볼타(Alessandro Volta, 1745 – 1827)는 개구리 다리를 연구하던 루이지 갈바니(Luigi Galvani, 1737 – 1798)의 연구를 토대로 전기를 일으킬 수 있는 물체, 즉 전지를 발명하기에 이르렀습니다. 비로소 인간은 전지를 통해 전자들을 원하는 장소에서 맘대로 이동시킬 수 있게 되었습니다.

　전지에 금속으로 된 도선을 연결하면 전자가 도선을 따라 흐르게 됩니다. 이 전자의 흐름을 '전류'라고 부릅니다. 사실 처음 과학자들은 전자의 존재를 알지 못했습니다. 그래서 과학자들은 전기의 흐름을 전류라고 이름 붙였으며 전류는 전지의 ＋극에서 －극으로 흐른다고 정의하였습니다. 전류의 단위는 A(암페어)입니다. 프랑스의 물리학자 앙페르(Ampere, Andre Marie, 1775 – 1836)의 이름을 딴 것입니다.

　물이 흐르는 현상을 관찰하는 것은 전기에 관련된 이해를 돕습니다. 물이 높은 곳에서 낮은 곳으로 흐르는 것처럼 전류도 전기적인 위치에너지가 높은 곳(＋극)에서 낮은 곳(－극)으로 흐릅니다. 물의 세기가 주변 환경에 따라 달라지듯, 전류의 세기도 여러 가지 조건에 따라 달라집니다.

전기적인 위치에너지를 '전위'라고 부릅니다. 마치 높이 차이가 클수록 물이 빠르게 흐르듯, 전기적 위치에너지의 차이가 클수록 전류의 세기가 증가합니다. 이때 전기적인 위치에너지의 차이를 '전압'이라고 부릅니다. 전압의 단위는 볼트(V)입니다. 볼트는 전지를 발명한 볼타(Volta)의 이름에서 따왔습니다. 예를 들어 1.5V라고 적힌 건전지가 있는데, 그것이 바로 전압을 뜻합니다.

전압이 커지면 전류도 커집니다. 하지만 전압이 크다고 무조건 전류가 많이 흐르는 것은 아닙니다. 전류의 흐름을 방해하는 저항이 크면, 전압이 같아도 전류가 적게 흐릅니다. 저항의 단위는 옴(Ω)입니다. 옴은 독일 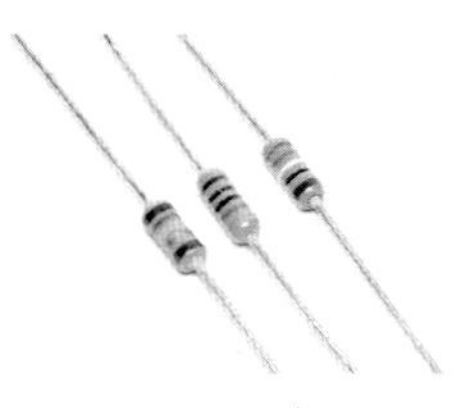 의 물리학자인 옴(Ohm, Georg Simon, 1789 – 1854)의 이름을 딴 것입니다.

은이나 구리, 알루미늄 등의 물질은 저항이 매우 작아 전류가 잘 통합니다. 반면 유리, 종이, 고무, 플라스틱 등의 저항은 매우 커서 전류가 거의 통하지 않습니다. 저항이 매우 작은 물체를 도체라고 합니다. 반면 저항이 너무 커서 전류가 거의 통하지 않는 물체를 부도체(혹은 절연체)라고 합니다.

전지, 전류가 흐를 수 있는 도선, 꼬마전구를 이용하여 만들어진 전기회로는 물 펌프와 물레방아가 있는 물의 흐름과 여러모로 비슷합니다. 먼저 물이 흐르는 관은 전류를 흐르게 하는 도선과 비슷합니다. 꼬마전구는 물이 흘러내리는 물레방아에 비유할 수 있습니다. 물레방아에서 물의 위치에너지가 물레방아의 운동에너지로 전환되듯 꼬마전구에서는 전기적 위치에너지가 꼬마전구의 빛에너지로 전환됩니다. 물레방아를 통과한 후 물의 높이가 낮아지듯, 꼬마전구를 지나면 전류의 전기적 위치에너지가 낮아집니다. 물레방아를 지난 물이 다시 높은 곳으로 가기 위해서는 펌프를 통과해야 합니다. 물 펌프의 역할을 전기회로에서는 전지가 합니다. 전기적 위치에너지가 낮아진 전류의 전위는 물 펌프에 해당하는 전지를 지나면서 다시 높아집니다.

물이 물 펌프, 수도, 관 등을 지나는 동안 물 흐름의 세기는 변하지 않고, 물의 높이만 변한다고 생각할 수 있습니다. 마찬가지로 전류가 전기회로를 지나는 동안 전류의 세기는 변하지 않고 전위만 변할 뿐입니다.

■ 작은 건전지 속에서 도대체 무슨 일이 발생하여 전류를 흐르게 하는 것일까요? 건전지의 중심에는 탄소막대가 있습니다. 그리고 아연통이 둘러싸고 있습니다. 그런데 탄소막대와 아연통 사이에는 전하들이 이동할 수 있는 물질이 채워져 있습니다. 건전지의 탄소막대와 아연통, 그리고 사이의 물질들이 화학적인 반응을 일으킬 때 전자들이 이동합니다. 탄소막대는 전자가 부족하여 + 가 되고, 아연판은 전자가 모여 − 가 됩니다. 도선을 연결하면 아연판에 있는 남아도는 전자들이 도선을 따라 움직이게 됩니다.

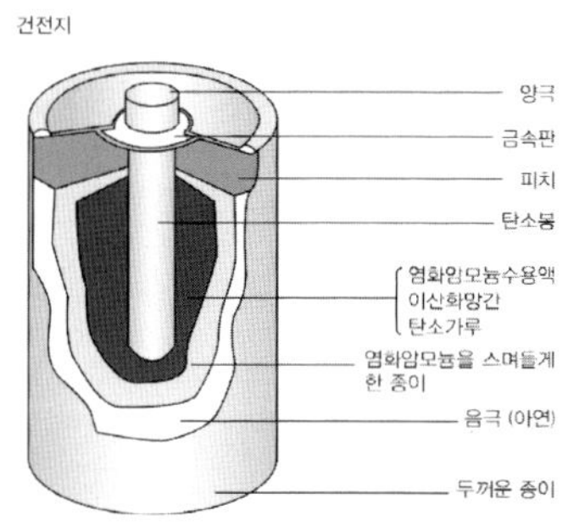

전류의 단위, 전압의 단위, 저항의 단위를 각각 적어 보자.

해답

전류의 단위는 A, 전압의 단위는 V, 저항의 단위는 Ω이다.

170

옴의 법칙

　영수네 집에 피자 한 판이 배달되어 왔습니다. 영수 친구들을 위해 어머니가 주문하신 피자입니다. 왜 갑자기 피자냐구요? 피자 한 판을 나누어 먹는 경우를 생각하면 옴의 법칙을 이해하는 것에 도움이 될 것입니다.

　피자는 16조각으로 나누어져 있었습니다. 만일 영수와 친구들이 총 4명이라면 한 명당 4조각씩 먹으면 됩니다(16조각＝4명 × 4조각). 만일 전체 인원수가 5명이었다면 한 명당 3.2조각씩 먹어야 합니다(16조각＝5명 × 3.2조각). 전체 인원수가 8명이라면 한 명당 2조각씩 먹어야 합니다(16조각＝8명 × 2조각). 피자의 전체 조각 수가 16조각이므로 전체 인원수와 먹는 피자 조각 수를 곱해 준 값이 16조각으로 일정해야 합니다.

전체 피자 조각 수＝전체 인원수 × 한 명당 먹는 피자 조각 수

　이런 경우 전체 인원수가 많을수록 한 명당 먹는 피자 수는 줄어듭니다. 이런 관계를 반비례 관계라고 합니다. 전체 피자 조각 수가 일정하므로 인원수가 많아질수록 한 명당 먹는 피자 조각 수가 반비례하여 줄어들게 됩니다. 인원수가 2배가 되면 먹을 수 있

는 피자 조각 수는 1/2로 줄어들고, 인원수가 3배가 되면 피자 조각 수는 1/3로 줄어듭니다.

물리학에서 반비례 관계의 대표적인 예가 전류와 저항의 관계입니다. 영국의 과학자 옴이 발견한 법칙에 따르면 전류, 저항, 전압 사이에 다음과 같은 공식이 성립합니다.

$$전압 = 전류 \times 저항 \quad V = IR$$

V는 전압, I는 전류, R은 저항을 의미합니다.

만일 전압이 일정하다면 전류와 저항 사이는 반비례 관계가 성립합니다. 예를 들어 전압이 같다면 저항이 커질수록 전류는 줄어듭니다. 마치 전체 피자 조각 수(전압)가 일정할 때 인원수(저항)가 많을수록 한 명당 먹는 피자 조각 수(전류)가 줄어드는 것처럼 말입니다.

음악을 들을 때 스피커의 음량을 조절하면 소리 크기가 달라집니다. 스피커는 전류의 세기를 이용하여 음량을 조절합니다(이것과 관련된 원리는 다음 장에서 다룹니다). 전류가 많이 흐르면 소리가 크게 들리고, 적게 흐르면 소리가 작게 들리는 것입니다. 그런데 스피커에서 전류의 세기를 조절하는 것이 바로 저항입니다. 스피커의 음량 조절 스위치를 돌리면 저항의 크기가 달라져서 전류의 세기가 바뀝니다. 스피커의 음량조절 스위치는 전압이 일정할 때 저항과 전류가 반비례 관계라는 것을 이용한 장치입니다.

이처럼 옴의 법칙은 모든 전기 기구에 사용되는 법칙입니다. 전기 기술자들은 모두 옴의 법칙의 중요성을 알고 있습니다.

옴의 법칙을 그래프로 표현하면 다음과 같습니다.

〈그림 13〉

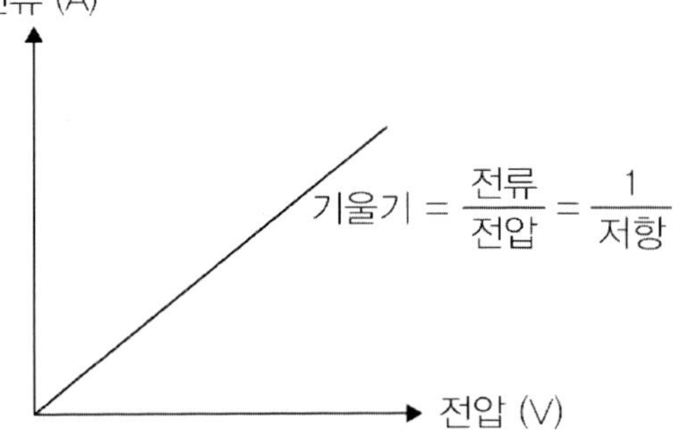

〈그림 14〉

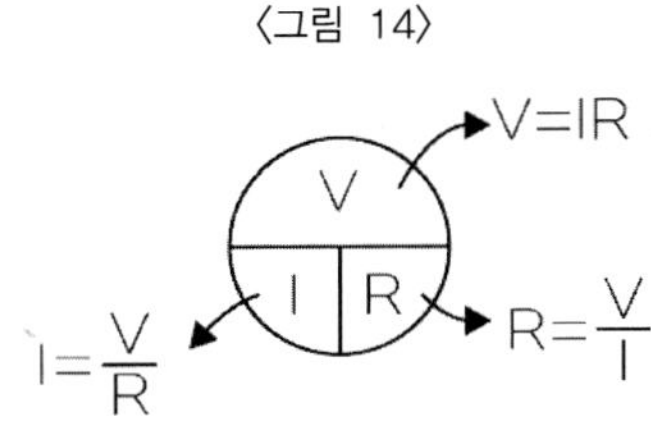

위의 그림들을 이용하면 옴의 법칙과 관련된 계산 문제를 쉽게
풀 수 있습니다.

물음

200V 전원에 1000Ω의 전기기구가 연결되었다. 이 전기기구에 흐르는 전류
의 세기는 몇 A인가?

해답

옴의 법칙에 따르면 $V = IR$ 식이 성립한다. $200 = 1000\,I$ 이므
로 $I = 0.2$A이다.

페르미에 도전하자

감전사고가 일어날 때 우리 몸에는 얼마의 전류가 흐를까?

① 0.00001A 정도

② 0.001A 정도

③ 0.1A 정도

해답 ③

감전 사고는 몸을 통하여 흐르는 전류 때문에 생긴다. 몸의 저항은 소금물에 젖었을 때 약 100Ω, 아주 건조할 때는 500,000Ω에 달한다. 보통 마른 손가락으로 건전지의 두 단자를 만질 때 몸의 저항은 약 100,000Ω. 건전지의 전압이 12V라면 인체를 흐르는 전류는 0.0012A 정도이므로 거의 느낌이 없다. 24V의 전지를 만졌다면 0.0024mA의 전류가 흐르므로 간지러울 것이다. 그런데 만일 몸이 물에 젖어 저항이 1,000Ω 정도였다면 0.024A의 전류가 흐르게 되는데, 이 정도라면 몸에 경련이 생겨 위험할 수 있다. 그래서 화장실에서 드라이어를 사용하는 것은 매우 위험하다. 몸이 물에 젖거나 땀에 젖어 있을 때 220V 전원을 만지면 치명적인 감전사고로 이어질 수 있다. 다음은 각 전류의 세기에 대한 인체의 반응이다.

0.001A(=1mA): 약간 느낄 정도

0.01A: 불쾌한 느낌

0.05A: 고통을 느낌

0.1A: 근육수축이 일어남

0.15A: 근육이 마비됨

0.7A: 심장에 큰 충격이 가해져 즉시 사망

페르미에 도전하자

세탁기에 흐르는 전류는 몇 A 정도일까?

① 대략 0.001A

② 대략 0.1A

③ 대략 1A

해답 ③

세탁기의 전체 저항은 약 $200\,\Omega$ 이다. $220\,\Omega$ 전원에 세탁기를 연결하면 세탁기에 흐르는 전류가 대략 1A 정도가 된다. 만일 1A의 전류가 그대로 인체에 흐른다면 죽음에 이르게 된다. 젖은 손으로 세탁기의 전원 코드를 만지는 것은 매우 위험할 수 있으므로 젖은 손으로 만지지 않도록 조심하여야 한다.

직렬회로와 병렬회로

전기 기구 내부에는 복잡한 전기회로가 구성되어 있습니다. PC 케이스를 열어 보면 저항, 전선 등이 이리저리 얽히어 있습니다. 하지만 복잡한 회로도 결국은 간단한 두 종류의 연결 방식이 얽히어 있는 것입니다.

저항을 일렬로 연결하는 방식을 직렬연결이라고 하고, 저항을 가지치기 형태로 연결하는 방식을 병렬연결이라고 합니다. 펌프와 폭포 비유를 들어 설명해 보면 펌프(전지)로 퍼 올린 물이 폭포 1개 (저항)를 먼저 내려오고 그다음 연속해서 아래쪽 폭포(저항)로 내려오는 경우가 직렬연결에 해당합니다.

〈그림 15〉

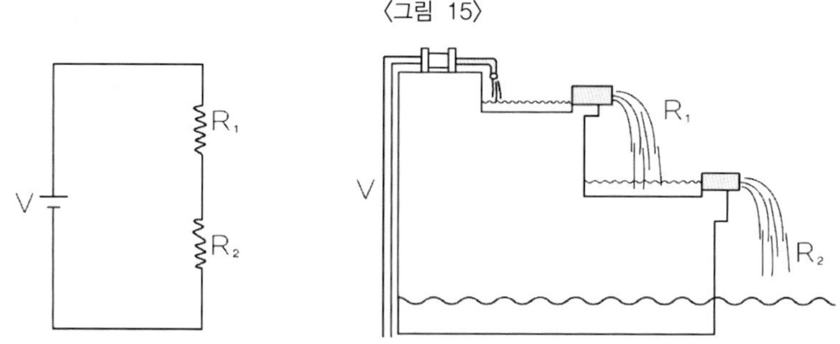

반면 펌프(전지)로 퍼 올린 물이 같은 높이의 폭포(저항)로 갈라져서 내려오는 경우가 병렬연결에 해당합니다.

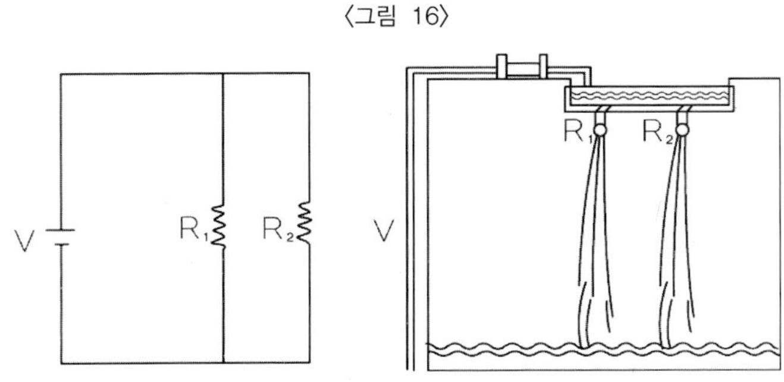

폭포가 직렬로 연결되어 있을 때와 병렬로 연결되어 있을 때 물이 흐르는 방식에 차이가 있습니다. 직렬로 연결되어 있을 경우 처음 폭포를 통과하는 물과 나중 폭포를 통과하는 물의 양은 일정합니다. 그러나 두 폭포의 높이는 다를 수 있습니다. 반면 옆으로 나란히 연결되어 있는 병렬연결의 경우 왼쪽 폭포와 오른쪽 폭포를 흐르는 물의 양이 다를 수 있지만, 두 폭포의 높이는 같습니다.

저항이 직렬로 연결되어 있을 때 각 저항을 흐르는 전류의 세기는 일정합니다. 마치 직렬로 연결된 폭포를 지나는 물의 양이 일정한 것처럼 말입니다. 그러나 각 저항의 전압은 다를 수 있습니다. 폭포의 높이가 다를 수 있는 것처럼 말입니다.

저항이 병렬로 연결되어 있을 때 각 저항을 흐르는 전류의 세기는 저항에 따라 다를 수 있습니다. 마치 병렬로 연결된 두 폭포를 흐르는 물의 양이 다를 수 있는 것처럼 말입니다. 그러나 나란히 있는 폭포의 높이가 같듯이 각 저항에 걸리는 전압은 동일합니다.

우리 집에는 많은 전기 기구들이 있고, 모두 콘센트에 연결되어 있습니다. 콘센트는 벽 속에 전선을 숨기고 있어서 우리 집의 전기회로가 병렬로 구성되어 있다는 것을 알아차리기는 쉽지 않습니다. 가정에서 전기기구들은 저항들에 해당합니다. 전원이 켜지면 병렬로 연결된 각 전기기구들에 전압이 걸리고, 전류가 흐르게 됩니다. 각 전기기구들에 걸리는 전압은 대부분의 가정에서 220V로 일정합니다. 그러나 각 전기기구들(저항)을 흐르는 전류의 세기는 저항의 크기에 따라 다릅니다.

직렬회로의 경우 한 저항이라도 손상되면 더 이상 전류가 흐를 수가 없습니다. 가정에서 전기기구 하나가 고장 난다고 정전이 되어 버리면 매우 불편할 것입니다. 다행히 가정의 전기회로는 직렬로 구성되어 있지 않고 병렬로 연결되어 있습니다.

직렬회로와 병렬회로에서 전류와 전압, 전체 저항들을 계산하는 방법은 반드시 익혀 두어야 합니다.

직렬회로는 저항이 일렬로 나란히 연결된 회로이므로 각 저항들에 동일한 전류가 흐르게 됩니다. 또 각 저항에 걸린 전압의 합을 모두 합하면 전체 전압이 됩니다. 식으로 표현하면 다음과 같습니다.

전체 저항 R=부분저항 R_1, R_2의 합 $\rightarrow$ $R_{전체}=R_1+R_2$
전체 전류 I=부분전류 I_1=부분전류 I_2 $\rightarrow$ $I_{전체}=I_1=I_2$

■ 폭포의 비유로 되돌아갑시다. 직렬 연결에서 일직선 형태로 연결된 폭포를 통과하는 물의 세기는 일정합니다. 또 전체 높이는 두 개의 폭포의 높이의 합과 같습니다. 물의 세기, 즉 전류의 세기($I_{전체}$)는 두 저항 모두 일정하고, 전체 전압($V_{전체}$)은 두 저항에 걸린 전압의 합과 같습니다.
따라서 $V_{전체}=V_1+V_2$ 식이 성립합니다. 이때 옴의 법칙에 따르면

$V_{전체} = I_{전체} R_{전체}$ 이므로 다음 식이 성립합니다.
$V_{전체} = V_1 + V_2 = I_1 + I_2$ 인데 $I_{전체} = I_1 = I_2$ 이므로
$I_{전체} R_{전체} = I_{전체} R_1 + I_{전체} R_2$ 따라서 $R_{전체} = R_1 + R_2$가 성립하게 되는 것입니다.

이번에는 병렬회로입니다. 병렬회로는 마치 나무에서 가지가 갈라지는 것과 같은 형태를 띕니다. 전류가 하나 이상의 갈림길로 갈 수 있습니다. 갈림길에 있는 각 저항으로 다양한 크기의 전류가 흘러갑니다. 저항이 작은 회로에는 전기적인 방해가 적으므로, 더 센 전류가 흐릅니다.

병렬회로의 경우 각 저항에 걸리는 전압은 모두 동일합니다. $V = IR$ 식에 따르면 전압이 일정할 때 전류와 저항이 서로 반비례합니다. 가정용 전기회로도 병렬회로입니다. 각 전기기구들이 저항이라고 생각할 때 각 전기기구에 걸리는 전압은 220V로 일정합니다. 전기기구의 전원 스위치를 켠다는 것은 끊어져 있던 회로를 연결하여 전류를 흐르게 하는 것입니다. 예를 들어 전구의 스위치를 켜면 전구로 전류가 흐릅니다. 또 선풍기의 스위치를 켜면 선풍기로 전류가 흐릅니다. 그런데 병렬로 연결이 되어 있으면, 선풍기의 스위치를 켜거나 끄거나 하는 것은 전구로 흐르는 전류의 세기에 아무런 영향을 주지 않습니다. 집에서 생활하는 모습을 생각해 봅시다. 선풍기를 끈다고 해서 거실 등이 밝아지지는 않습니다. 병렬로 연결되어 있기 때문입니다.

병렬회로의 경우 다음 식이 성립합니다.
전체 전류 I=부분 전류 I_1과 부분 전류 I_2의 합
$$\rightarrow \ I_{전체} = I_1 + I_2$$

$$\text{전체 전압 } V = \text{부분 전압 } V_1 = \text{부분 전압 } V_2$$
$$\rightarrow \quad V_{전체} = V_1 + V_2$$
$$\text{전체 저항 R의 역수} = \text{각 저항의 역수의 합}$$
$$\rightarrow \quad 1/R_{전체} = 1/R_1 + 1/R_2$$

▌이 식은 다음 식에 의해 유도된 것입니다.

$$I_{전체} = I_1 + I_2 \text{ 이때 } I = \frac{V}{R} \text{ 이므로 } \quad \frac{V_{전체}}{R_{전체}} = \frac{V_1}{R_1} + \frac{V_2}{R_2}$$

이 식에서 $V_{전체}(= V_1 = V_2)$를 지우면 다음 식이 성립합니다.

$$\frac{1}{R_{전체}} = \frac{1}{R_1} + \frac{1}{R_2}$$

병렬연결에서 전체 저항이 각 저항의 역수의 합이기 때문에 쉽게 이해되지 않는 일도 벌어집니다. 예를 들어 100Ω의 저항과 1Ω의 저항을 병렬로 합한 전체 저항 값은 1Ω보다 작습니다. 실제로 계산하면 이렇습니다. 100Ω, 1Ω의 저항을 병렬로 합하면 $\frac{1}{R_{전체}} = \frac{1}{100} + \frac{1}{1}$ 입니다. 따라서 $\frac{1}{R_{전체}} = \frac{101}{100}$ 입니다. 즉 $R_{전체} = 0.99Ω$ 정도입니다. 1Ω 보다 작습니다.

100Ω, 100Ω의 저항을 합한 값은 50Ω입니다. 100Ω, 100Ω, 100Ω 세 개의 저항을 병렬로 합하면 33Ω정도밖에 안 됩니다. 병렬연결에서는 저항을 더할수록 전체 저항이 줄어듭니다.

병렬로 연결된 가정용 회로에서 전기기구를 많이 켤수록 가정의 전체 저항 값은 줄어듭니다. 병렬연결에서 저항이 많이 연결될수록 전체 저항이 줄기 때문입니다. 전기기구를 많이 켤수록 전체 저항이 줄어들기 때문에 가정으로 들어오는 전류는 커집니다. 전류가 많이 흐르면 전기요금이 많이 부과됩니다. 또 전류가 너무 과도하게 흐르면 순간적으로 누전차단기가 작동됩니다. 자칫 과열되어 불이 날 수도 있기 때문입니다. 여름철 에어컨 등을 너무 많이 켰을 때 갑자기 정전이 되는데, 대부분 이런 이유 때문입니다.

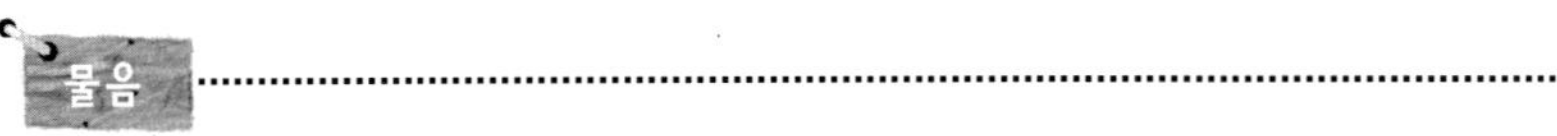

다음 그림과 같은 전기회로를 흐르는 전류 I의 세기는 몇 A일까?

〈그림 17〉

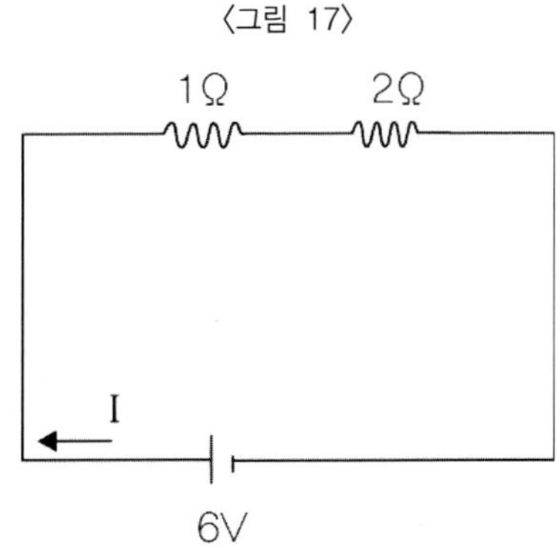

해답

이 회로의 전체 저항 $R_{전체}$에는 다음 식이 성립한다.

$R_{전체} = R_1 + R_2$, 즉 전체 저항 $R_{전체} = 1Ω + 2Ω = 3Ω$이다.

옴의 법칙에 따르면 $V = IR$ 식이 성립한다. $6 = 3I$이므로 $I = 2A$이다.

다음 그림과 같은 전기회로를 흐르는 전류 I의 세기는 몇 A일까?

〈그림 18〉

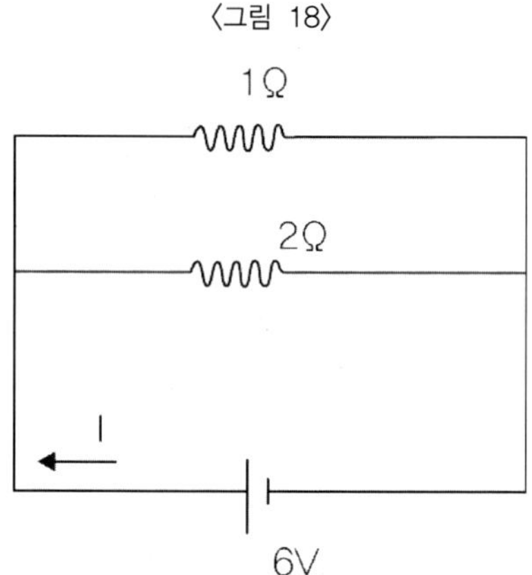

해답

이 회로의 전체 저항 $R_{전체}$에는 다음 식이 성립한다.

$$\frac{1}{R_{전체}} = \frac{1}{R_1} + \frac{1}{R_2}, \ 즉 \ \frac{1}{R_{전체}} = \frac{1}{1} + \frac{1}{2} \ 따라서$$

$$R_{전체} = \frac{2}{3}$$

옴의 법칙에 따르면 $V = IR$ 식이 성립한다. $6 = \frac{2}{3}I$이므로 $I = 9A$이다.

생각하는 코너

알쏭달쏭 퀴즈

세 개의 전구 A, B, C를 직렬로 연결해 놓았다. 전구 A가 끊어졌을 때 다른 전구 B, C의 밝기는 어떻게 될까?

① 전구 B, C가 모두 꺼진다.

② 둘 중의 하나의 전구만 꺼진다.

③ 전구 B, C의 밝기에는 변화가 없다.

해답 ①

직렬회로에서는 전구 3개 중 한 개가 끊어지면 회로 전체에 전류가 흐르지 못하므로 나머지 전구 2개도 꺼진다.

생각하는 코너

알쏭달쏭 퀴즈

세 개의 전구 A, B, C를 병렬로 연결해 놓았다. 전구 A가 끊어졌을 때 다른 전구 B, C의 밝기는 어떻게 변할까?

① 전구 B, C가 모두 꺼진다.

② 둘 중에 하나의 전구만 꺼진다.

③ 전구 B, C의 밝기에는 변화가 없다.

해답 ③

병렬회로에서는 전구 3개 중 한 개가 끊어져도 나머지 두 전구로 전류가 흐를 수 있고, 전압은 그대로다. 따라서 B, C의 밝기에는 변화가 없다.

전기에너지와 전력

세탁기에 전원을 켰을 때 세탁기가 돌아가며 빨래를 할 수 있는 것은 전류가 세탁기에 에너지를 공급했기 때문입니다. 전류가 공급하는 에너지를 '전기에너지'라고 부릅니다. 전기에너지는 다양한 형태의 에너지로 전환이 가능하고 저장이나 이동이 쉬워 일상생활에서 많이 쓰입니다.

전구는 전류가 필라멘트를 흐를 때 발생하는 빛을 이용하는 전기 기구입니다. 전구에서 전기에너지는 빛과 열에너지로 전환이 됩니다. 세탁기, 전기믹서, 선풍기 등과 같이 전동기가 움직이는 전기기구는 전기에너지를 역학적 에너지로 전환시켜 줍니다. 전기난로나 전기밥솥 등의 전열 기구는 전기에너지를 열에너지로 전환시켜 줍니다.

전기에너지는 전류, 전압, 그리고 전류가 흐른 시간에 각각 비례합니다. 예를 들어 전류가 2배, 전압이 2배가 되면 전기에너지는 4배로 증가합니다.

전기에너지의 단위는 에너지의 단위와 동일한 J입니다. 1V의 전압이 걸린 회로에 1A의 전류가 1초 동안 흐른다면, 이때 공급된 전기에너지는 1J입니다. 다음 식이 성립합니다.

$$전기에너지 = 전압 \times 전류 \times 시간$$

이동거리를 시간으로 나누면 얼마나 빨리 가는지를 의미하는 속력이 됩니다. 이처럼 전기에너지를 시간으로 나누면 얼마나 전기에너지를 빠르게 소비하는지 나타내는 전력이 됩니다. 전력이란 단위시간당 사용하는 전기에너지를 뜻합니다. 전력의 단위는 W입니다. 1J의 전기에너지를 1초 동안 소비하면 1W입니다. 다음 식이 성립합니다.

$$\text{전력} = \frac{\text{전기에너지}}{\text{시간}}$$

전기기구의 뒷면에는 정격전압과 소비전력이 표시되어 있습니다. 정격전압이란 이 전기기구가 제대로 작동하는 전압을 뜻합니다. 소비전력은 이 전기기구가 초당 소비하는 전기에너지를 뜻합니다.

■ 전기에너지 = 전압×전류×시간의 식이 성립하므로

$$\text{전력} = \frac{\text{전기에너지}}{\text{시간}} = \frac{\text{전압}×\text{전류}×\text{시간}}{\text{시간}} = \text{전압}×\text{전류가 됩니다.}$$

물음

어떤 전기기구가 30분 동안 72,000J의 전기에너지를 소비하였다. 이 기구의 소비 전력은 얼마인가?

해답

$$\text{전력} = \frac{\text{전기에너지 (J)}}{\text{시간 (초)}} = \frac{72,000}{30×60} = 40\text{W}$$

전기기구를 사용하면 전기요금을 내야 합니다. 전기요금은 소비 전력과 사용시간을 고려해서 계산합니다. 소비전력과 사용시간을 곱한 양을 전력량이라고 하는데, 집 앞에 붙어 있는 전력량계에 나타납니다. 전기기구를 하나라도 켜 놓으면 전력량계가 서서히 돌아갑니다.

전력량은 다음 식으로 계산합니다.

$$전력량 = 전력 \times 시간$$

전력의 단위는 W, 시간의 단위는 시간(hour)이므로 전력량의 단위는 와트시(Wh)를 사용합니다. 1Wh는 1W의 전력을 1시간 동안 사용하였을 때의 전력량이고, 1kWh = 1,000Wh의 관계가 성립합니다.

전력량은 근본적으로 전기 에너지입니다. 왜냐하면 전력에 시간을 곱하였기 때문입니다. 다만 전기 에너지의 단위로는 J을 사용하는데, 전력량은 시간을 '초' 단위로 하지 않고 일반적으로 많이 쓰는 '시' 단위로 하기 때문에 단위가 Wh인 것입니다.

■ 전력량은 전력에 시간을 곱한 것이므로 전기에너지와 차원이 같습니다. 그러나 전기에너지의 단위인 J 대신 전력량의 단위로 Wh를 사용하는 것은 그 단위가 일상생활에서 사용하기에 적당하기 때문입니다. 전기에너지의 단위인 J로는 너무 숫자가 커지기 때문에 Wh라는 단위를 이용하는 것입니다. 보통 한 달 사용한 전력량은 kWh를 사용합니다. Wh는 1시간에 1W의 전력을 사용한 전기에너지이고, J은 1초에 1W의 전력을 사용한 전기에너지이기 때문에 1Wh = 3,600J에 해당합니다.

1. 감전이 위험한 이유는 고전류 때문인가, 아니면 고전압 때문인가?

2. 가정에서 전구가 갑자기 끊어질 때가 있다. 그러나 전구가 망가져도 다른 전기기구는 잘 작동한다. 왜 그런 것일까?

3. 가정에서 전기 기구를 많이 연결할수록 전체 전기 저항은 어떻게 변할까?

4. 전력량은 무엇인가? 전기에너지를 이용하여 설명해 보자.

5. 가정용 전력량을 계산할 때, J 대신에 kWh를 사용하는 이유는?

6. 전력은 일률의 단위와 같은 W를 단위로 쓴다. 전력과 일률의 공통점을 설명해 보자.

해답

1. 고전류 때문이다. 고전압이더라도 저항이 너무 크면 몸을 흐르는 전류가 작아져서 인체에 큰 충격을 주지 않는다.

2. 병렬회로이기 때문에 다른 전기기구에는 전류가 계속 흐른다.

3. 줄어든다. 병렬회로에서 저항이 많아질수록 전체 저항이 줄어 회로를 흐르는 전체 전류는 증가한다.

4. 전력량은 전기에너지와 같은 차원의 개념이다. 전력량은 전력에 시간을 곱한 양이기 때문이다. 전기에너지도 전력에 시간을 곱한 양이다. 다만 기본적으로 전력량은 시(hour)를, 전기에너지는 초(second)를 시간의 단위로 사용한다.

5. 가정에서 사용하는 전기에너지를 J 단위로 한다면 너무 숫자가 커지기 때문이다. 1kWh=3,600,000J이므로 J보다는 kWh를 이용하면 간단한 숫자로 표시할 수 있다.

6. 전력과 일률 모두 에너지를 시간으로 나눈 값이다.

물리나라 단어사전

전류	전하들의 흐름. 전류의 세기의 단위는 암페어(A)
전압	물이 높은 곳에서 낮은 곳으로 흐르듯이 전류는 전기적인 위치에너지가 높은 곳에서 낮은 곳으로 흐른다. 전기적인 위치에너지의 차이를 전압이라고 한다. 전압은 전류를 흐르게 할 수 있는 능력으로 단위는 볼트(V)
저항	전류의 흐름을 방해하는 정도. 단위는 옴(Ω)
옴의 법칙	전류의 세기가 전압에 비례하고 저항에 반비례한다는 법칙
직렬회로	저항이 일렬로 배열된 회로
병렬회로	저항이 나무가지처럼 나란히 연결된 회로
전기 에너지	전류가 공급하는 에너지
전력	시간당 소비하는 전기에너지
전력량	전력에 시간을 곱한 양. 단위가 Wh

강한 고리모양의 자석을 이용하여 공중에 자석이 떠 있게 할 수도 있습니다. 학생들이 아주 재미있어 하는 실험이지요.

인류가 자석을 발견한 것은 아주 오래된 일입니다. 자석은 한자로는 '자磁, 석石(돌)'이라고 쓰는데 磁 속에 포함된 慈라는 글자는 '사랑할 자' 입니다. 즉 '돌을 사랑하는, 돌을 끌어당기는' 이라는 의미가 포함된 것으로 보입니다. 자석을 영어로는 마그넷(magnet)이라고 쓰는데, 기원전 어떤 그리스인이 마그네시아라고 하는 터키지방에서 자석을 발견했다고 해서 지어진 이름입니다.

자석과 자기력

　자석 근처에 다른 자석을 가까이하면 힘이 작용합니다. 그 힘이 바로 자기력입니다. 같은 극을 가까이하면 밀어내는 힘(척력)이 작용하며, 반대 극을 가까이하면 달라붙게 하는 힘(인력)이 작용합니다.

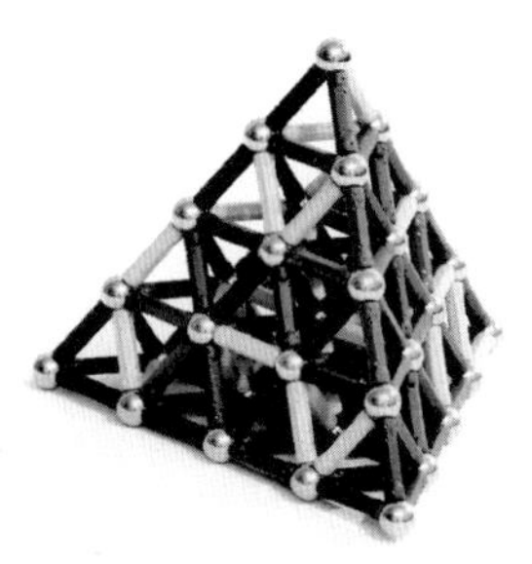

　자석 근처에 철 못을 가까이하면 못이 자석에 달라붙는 것을 볼 수 있습니다. 못과 같이 자석에 붙는 물질을 자성체라고 합니다. 주변에서 쉽게 볼 수 있는 자성체에는 철, 니켈 등이 포함되어 있습니다.

　막대자석을 아주 뜨겁게 가열해서 퀴리온도(750℃) 이상이 되면 자석의 성질을 잃게 됩니다. 또 아주 큰 충격을 가하면 원자들의 배열 상태가 흩어지게 되어 자석의 성질을 잃어버릴 수 있습니다.

■ 퀴리온도: 자철석과 같은 자석 물질의 경우 퀴리온도 이상이 되면 자성이 사라지게 됩니다. 퀴리온도라는 용어는 1895년 자성과 온도의 변화에 대한 법칙을 발견한 프랑스의 물리학자 피에르 퀴리를 기념하여 명명된 것입니다. 그는 우리가 잘 알고 있는 퀴리 부인의 남편이기도 합니다.

자석과 자석 사이에는 인력이 작용하기도 하고, 척력이 작용하기도 합니다. 그런데 자석과 철 사이에는 언제나 인력만 작용합니다. 철가루나 클립은 항상 자석에 붙습니다. 왜 그럴까요? 자석 근처에 간 철은 일종의 작은 자석이 됩니다. 마치 정전기유도 현상처럼 자석의 N극이 가까이 가면 철 조각 내부에 변화가 일어나 자석에 가까운 쪽에 S극이 일시적으로 형성됩니다. 따라서 철은 항상 자석에 끌리는 것입니다. 자석이 가까이 오면 철에 자성이 생겨 서로 다른 극의 자석이 된다고 생각할 수 있습니다.

생각하는 코너

페르미에 도전하자

다음 중 자석에 안 붙는 금속은 어떤 것일까?

① 철

② 구리

③ 코발트

해답 ②

우리 주변의 물질들은 자석에 아주 잘 붙는 물질, 자석에 어느 정도 붙는 물질, 자석에 오히려 밀리는 물질이 있다. 자석에 아주 잘 붙는 물질은 철, 니켈, 코발트이다. 자석에 끌리기는 하지만 그 힘이 너무 약한 물질에는 종이, 황, 알루미늄, 마그네슘, 텅스텐 등이다. 자석에 가까이 가져가면 오히려 밀리는 물질도 있다. 구리, 유리, 플라스틱, 금 등이다.

자기장과 자기력선

자석 주변에 철가루나 나침반을 가져가면 철가루가 자석에 붙고, 자침이 움직이는 것을 볼 수 있습니다. 자석 주변에 자기력이 작용하기 때문입니다. 자석 주변에 자기력이 작용하는 공간을 자기장이라고 합니다.

자석 주변의 철가루나 나침반 자침들을 이어 보면 마치 선과 같이 보입니다. 과학자들은 자기장의 세기나 방향들을 표현하기 위해 가상의 선을 만들어 내었는데, 그 선을 자기력선이라고 부릅니다. 자기력선은 나침반 자침의 N극이 가리키는 방향을 이은 선입니다.

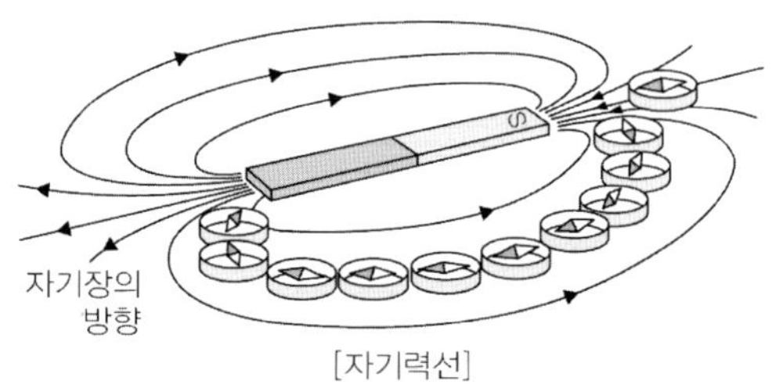

[자기력선]

자기력선의 방향은 자석의 N극에서 나와서 S극 쪽으로 들어가는 방향입니다. 자기력선은 서로 교차하거나 사라지지 않습니다. 자기력선이 빽빽하다는 것은 자기력이 강하다는 뜻입니다. 막대자석의 자기력선을 관찰하면 양 극에서 가장 빽빽하고 멀어질수록 듬성듬성합니다. 막대자석의 자기력이 양 극에서 최대이고 멀어질 수록 약해진다는 것을 의미합니다.

■ 비둘기는 어떻게 방향을 알아낼까요? 비둘기는 자기감각을 가지고 있습니다. 뇌 속에 자성이 있는 물질이 있어 나침반의 역할을 하는 것입니다. 꿀벌의 배에서도 작은 자기장의 영향을 받는 자성물질이 발견됩니다. 몸속에 나침반의 역할을 하는 자성물질이 들어 있는 박테리아도 있습니다. 이런 박테리아는 내부의 나침반을 이용하여 지구 자기장의 방향을 감지합니다.

생각하는 코너

페르미에 도전하자

지구 자기장의 세기는 어느 정도일까?
① 1T(테스라)
② 0.01T(테스라)
③ 0.0001T(테스라)

해답 ③

자기력이 작용하는 공간을 자기장이라고 하는데, 일반적으로 과학에서 자기장의 세기의 단위는 T(테스라)를 사용한다. 실험실에서 사용하는 막대자석의 경우 대략 0.01T 정도라고 한다. 지구 자기장은 0.0001T 정도라고 한다.

전류와 자기장

자기현상과 전기현상은 매우 밀접하게 관련되어 있습니다. 평상시에 보면, 전기와 자기 현상은 상관이 없어 보입니다. 냉장고 자석을 만진다고 해서 감전되는 일은 없습니다. 또 건전지에 나침반을 가져가도 별다른 변화가 없습니다.

그러나 방법을 달리하면 자기현상과 전기현상이 서로 밀접하다는 것을 알 수 있습니다. 건전지에 나침반을 가져가면 자침에 아무 변화가 없습니다. 그런데 건전지에 도선을 연결하여 전류를 흐르게 한 후 가져가면 나침반 자침이 움직입니다. 자석만으로 전류가 흐르지는 않지만, 코일과 자석을 잘 이용하면 전류를 발생시킬 수도 있습니다.

처음으로 자기현상과 전기현상의 관련성을 밝힌 사람은 덴마크의 과학자 외르스테드(Hans Christian Ørsted, 1777 - 1851)입니다. 그는 전류가 흐르는 도선 주변에서 나침반 자침이 움직이는 현상을 발견했습니다. 그전까지 자침은 언제나 자석 주변에서만 움직이는 것으로 알려졌습니다. 그래서 도선 주변에서도 자침이 움직인다는 사실은 그 당시에 매우 놀라운 발견이었습니다.

■ 여러분도 나침반을 가지고 도선 주변에서 자침이 움직이는 현상을 관찰해 보세요.

직선 도선 주변에 생기는 자기장은 동심원 모양입니다. 자기장의 방향을 구하는 방법은 오른손법칙을 따릅니다. 나침반의 바늘은 전류에 의하여 만들어진 자기장과 같은 방향으로 움직입니다. 전류의 방향을 바꾸면 자기장의 방향이 변합니다.

생각하는 코너

알쏭달쏭 퀴즈

마찰시킨 물체가 양전하로 대전되어 있다. 이 물체 주변에 나침반을 가져갔다. 어떤 일이 벌어질까?

① 자침의 N극은 지구 북쪽을 가리킨다.

② 자침의 N극이 양전하 쪽으로 움직인다.

③ 자침의 S극이 양전하 쪽으로 움직인다.

해답 ①

정지해 있는 전하가 자기장을 발생시키는 것은 아니다. 전류, 즉 전하의 흐름이 자기장을 발생시키는 것이다. 따라서 자침은 대전체가 있으나 없으나 지구 북극 쪽을 향한다.

코일 주변에 생기는 자기장은 막대자석 주변에 생기는 자기장과 모습이 매우 비슷합니다. 코일을 이용하면 쉽게 자석을 만들 수도 있습니다. 철 못에 코일을 빽빽하게 감은 후 전류를 흐르게 하면 철 못이 막대자석처럼 됩니다. 이렇게 만든 자석을 전자석이라고 합니다. 전자석은 세기나 방향을 조절할 수 있기 때문에 여러 모로 편리합니다. 전자석의 세기는 전류가 강해질수록 증가하며, 전류가 흐르지 않으면 자석의 성질을 잃습니다. 전류의 방향을 바꾸면 전자석의 극도 바뀝니다.

외르스테드의 발견과 원자의 구조에 대한 지식을 통해 자성의 원인을 이해할 수 있습니다. 모든 물질은 원자로 구성되어 있고, 원자는 양전하를 띤 원자핵과 음전하를 띤 전자들로 구성되어 있습니다. 전자는 원자핵 주위를 돌고 있는데, 전자가 움직이면 전류가 생깁니다. 결국 전자가 움직여 전류가 생기고 전류에 인해 자기장이 만들어집니다. 각 원자들이 만들어 낸 자기장은 자성의 원인이 됩니다.

구리나 알루미늄 등과 같은 물질에서는 원자에 의한 자기장들이 서로 상쇄됩니다. 따라서 구리나 알루미늄은 자석에 붙지 않습니다. 그러나 철, 니켈 등에서는 상쇄되지 않고 남아서 N, S극을 만들어 내는데 그 방향이 일정해질수록 강한 자석이 만들어지는 것입니다.

■ 상쇄: 반대되는 것이 서로 영향을 주어 없어지는 것을 말합니다. 예를 들어 +5라는 숫자와 −5라는 숫자가 서로 합치면 0이 됩니다. 오른쪽 방향의 5N의 힘과 왼쪽 방향의 5N의 힘도 서로 합치면 0이 되어 그 효과가 사라집니다.

자석을 반으로 잘라도 N극과 S극으로 나뉘지는 않습니다. 자석을 아주 잘게 잘라 가루를 만들어도 N극, S극이 존재합니다. 원자 단위로 쪼개도 N극, S극은 존재할 것입니다. 원자핵 주변을 돌고 있는 전자가 자기장을 만드는데 전자의 움직이는 방향에 따라 N

극과 S극이 함께 생기기 때문입니다.

생각하는 코너

알쏭달쏭 퀴즈

자석의 N극과 S극을 분리하여 두 개로 나눈다면 어떻게 될까?

① 새로운 두 개의 자석이 된다.

② 잘라진 두 개 중 한 개는 N극, 나머지는 S극을 띈다.

해답 ①

자석을 자르면 새로운 자석이 된다. 원자도 자성을 가지고 있기 때문이다. 따라서 잘게 잘라도 여전히 N극과 S극이 존재한다.

전자기력

자석 두 개를 근처로 가져가면 서로 밀치거나 당깁니다. 각각의 자석에 의한 자기장이 서로 영향을 주기 때문입니다. 자석과 전자석을 가까이해도 둘 사이에는 밀거나 당기는 자기력이 작용할 것입니다. 만일 자석과 전류가 흐르는 도선을 가까이한다면 어떨까요?

전류가 흐르는 도선도 자석과 같이 자기장을 형성합니다. 막대자석 두 개 사이에 자기력이 작용하듯, 자석과 전류가 흐르는 도선 사이에도 자기력이 작용하게 됩니다.

전류가 흐르면 그 주변에 자기력이 미치는 공간, 즉 자기장이 형성됩니다. 따라서 만일 전류가 다른 자기장 속으로 들어간다면 전류에 의한 자기장과 외부의 자기장이 서로 영향을 주고받게 됩니다. 그 결과로 전류가 흐르는 도선은 힘을 받게 되는데 이를 '전자기력'이라고 합니다. 전자기력의 방향은 전류의 방향과 자기장 방향에 모두 수직한 방향입니다.

전자기력이 발견될 당시 과학자들은 방향의 규칙성을 알아내기 위해 고심하였다고 합니다. 마침내 플레밍(J. A. Fleming, 1849 – 1945)이 그 규칙성을 알아내었는데, 그 당시 큰 호응을 얻었다고 전해집니다. 전자기력의 방향은 다음과 같이 오른손을 사용하여 알아낼 수 있습니다. 오른쪽 손을 곧게 폈을 때, 엄지손가락으로 전류의 방향을, 나머지 네 손가락으로 자기장의 방향을 가리키면, 손바닥이 향하는 방향이 전자기력의 방향입니다.

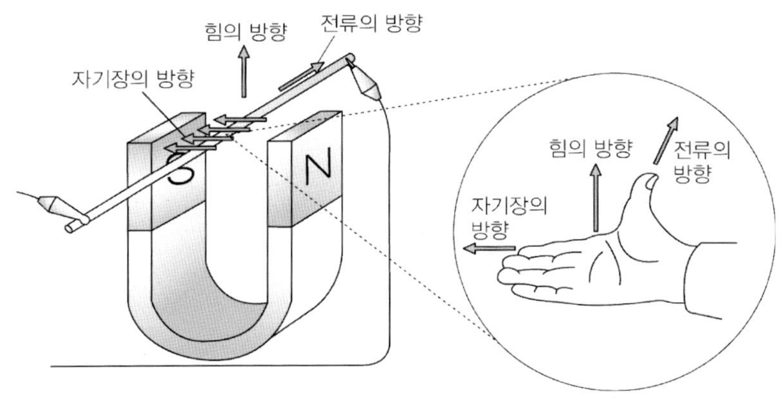

전자기력의 크기는 자기장의 방향과 전류의 방향이 서로 수직일 때 최대입니다. 한편 자기장의 방향과 전류의 방향이 나란하면 0이 됩니다.

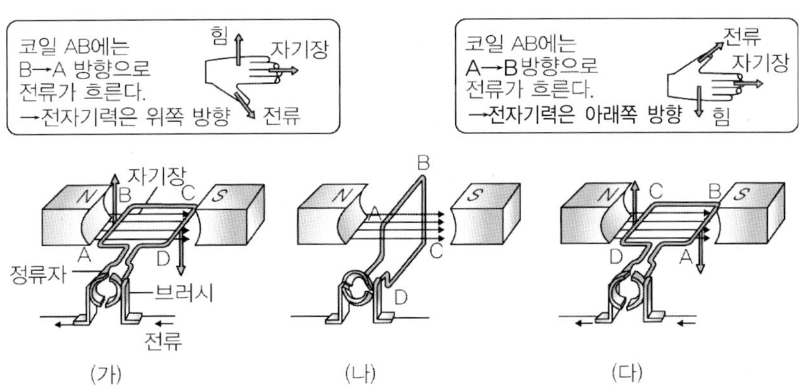

전동기는 전자기력을 이용하여 도선이 회전하도록 만든 장치입니다. 전동기 내부에는 고리 모양의 도선이 있습니다. 고리 모양의 도선으로 전류가 흐르게 될 때 도선의 왼쪽과 오른쪽으로 흐르는 전류의 방향은 서로 반대가 됩니다. 따라서 전자기력도 반대가 됩니다. 예를 들어 도선의 왼쪽이 위로 힘을 받으면 오른쪽은 아래로 힘을 받게 됩니다. 따라서 도선은 회전합니다.

전동기가 반 바퀴 회전하면 전류의 방향이 바뀌도록 장치를 만들었습니다. 이런 방법으로 고리의 전류 방향이 반 바퀴 지날 때마다 바뀌게 됩니다. 그래서 고리의 위와 아래 부분에 작용하는 힘의 방향은 고리가 회전하더라도 바뀌지 않아 한 방향으로 계속 회전할 수가 있게 됩니다.

선풍기, 믹서, 청소기, 드라이어 등 많은 전기 기구 내부에 전동기가 있습니다. 예를 들어 선풍기는 전동기를 돌려 바람을 일으킵니다. 믹서도 전동기의 회전으로 음식물을 잘게 부숩니다. 에어컨, 냉장고 등 거의 대부분의 전기 기구에는 전동기가 내장되어 있습니다. 전원을 켰을 때 우 - 웅 하는 소리가 나는 것은 전동기(흔히 모터라고 부릅니다)가 돌아가는 소리입니다.

■ 전동기를 고안한 사람은 패러데이(Michael Faraday, 1791 - 1867)입니다. 외르스테드가 전류 주변의 자기장의 효과를 알아낸 후 패러데이의 스승인 데비 경 등이 전동기를 고안해 보려고 노력했지만 실패로 끝났습니다. 패러데이는 새로운 아이디어를 통해 이 책에서 설명하고 있는 현대적인 의미의 전동기를 고안해 냈습니다.

전자기력을 이용하는 장치가 전동기만 있는 것은 아닙니다.

아름다운 음악 소리를 듣게 하는 스피커나 이어폰을 뜯어내어 보면 그 속에 자석과 코일이 있을 뿐입니다. 도저히 아름답고 섬세한 음악이 나올 것 같지 않습니다. 스피커 내부의 자석과 코일이 받는 전자기력은 전류의 세기에 따라 달라집니다. 따라서 전류의 세기에 따라 자석과 코일의 떨림 정도가 달라지고 스피커 음판은 그 떨림을 증폭하여 소리를 만들어 내는 것입니다.

● 논술 · 서술형을 대비하라!

1. 지표면에서 나침반의 자침이 일정한 방향을 가리키는 까닭은?
2. 자기장이 형성된 것을 알 수 있는 방법은 무엇일까?
3. 모든 물질이 원자로 구성되어 있는데도 모든 물질이 자석이 아닌 이유는?
4. TV 브라운관 앞에 막대자석을 가져가면 화면이 일그러진다. 그 이유를 설명해 보자.

해답

1. 지구 자기장 때문이다. 지구는 하나의 거대한 자석인데 북극 쪽이 S극, 남극 쪽이 N극이다. 따라서 자침의 N극은 항상 북극 쪽을 향한다.
2. 움직이기 쉬운 자성체, 예를 들어 나침반 자침 등을 놓아 보면 알 수 있다.
3. 원자 하나만으로 자기장은 형성된다. 하지만 여러 원자가 만나 불규칙하게 배열하였기 때문에 원자 하나에 의한 자기장들이 서로 상쇄되어 그 효과가 나타나지 않는 것이다.
4. TV 브라운관 안에 전자총이 있어서 전자들이 날아간다. 그런데 막대자석을 가져가면 전자들이 전자기력을 받기 때문에 방향이 휘어져 화면이 일그러지는 것이다.

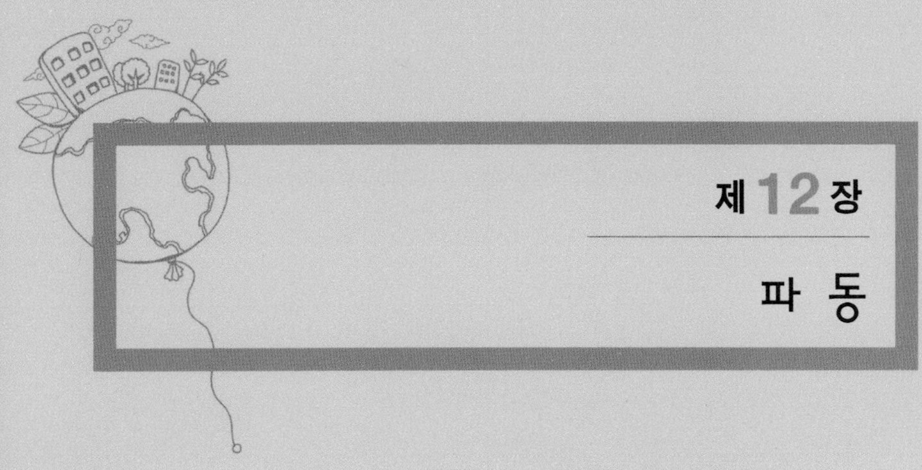

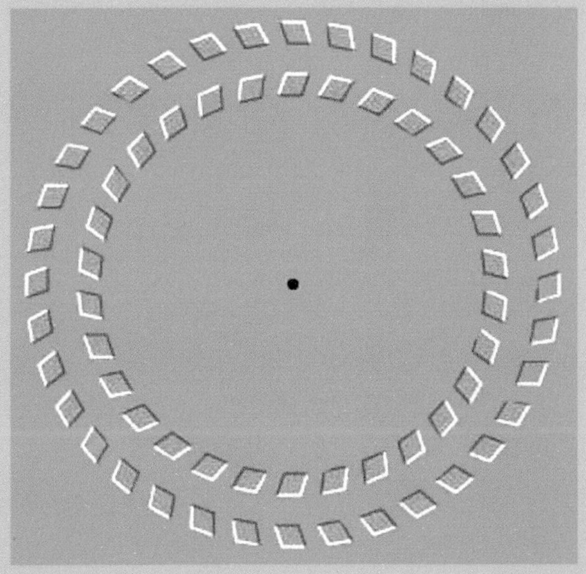

그림 중간에 찍힌 점을 보면서 머리를 그림 쪽으로 다가갔다 멀리했다를 되풀이하면 두 원이 조금씩 움직이는 것처럼 느껴집니다. 일종의 착시 현상입니다. 우리 눈은 부정확해서 진실을 보지 못할 때가 많습니다.

호숫가에 서서 밀려오는 물결을 보면 마치 호수 가운데에 있던 물이 내 쪽으로 밀려오는 것처럼 느껴집니다. 그러나 아무리 물결이 밀려와도 호수의 가운데가 마르는 일은 없습니다. 물이 밀려오는 것같이 느껴지는 것은 일종의 착시 현상과도 같습니다.

그렇다면 파도는 실제로 어떻게 움직이는 것일까요?

파 동

    파동은 물질의 진동이 사방으로 퍼져 나가는 현상을 말합니다. 바다의 파도, 용수철 파동처럼 눈에 보이는 파동이 있습니다. 그리고 우리 눈에 보이지 않는 파동도 많습니다. 소리, 빛, 전파 등도 파동에 해당합니다. 우리는 수없이 많은 파동에 둘러싸여 있습니다.

    해변에서 밀려오는 파도를 관찰하면, 파동이 무엇인지 아는 데 도움이 됩니다. 파도는 바닷물을 통해 전달되며 반복적으로 출렁거립니다. 용수철을 흔들어도 파동이 생깁니다. 용수철을 수직 위아래로 흔들면 용수철이 마치 파도처럼 움직입니다. 그리고 그 흔들림이 옆으로 전달됩니다.

    바닷가 파도의 경우 물 분자들이 왕복운동을 합니다. 용수철 파동의 경우 용수철이 왕복운동을 합니다. 파동이 전달되는 물질을 매질이라고 하는데 매질은 일정한 장소에서 왕복운동을 할 뿐, 처음부터 끝까지 이동하는 것은 아닙니다. 파도는 한없이 해변으로 밀려오지만, 바다 가운데의 물이 점점 줄어드는 것은 아닙니다. 즉 물 분자는 제자리 진동만 할 뿐입니다. 용수철 파동의 경우에도 용수철 자체는 옆으로 이동하지 않습니다. 다만 제자리에서 진동운동할 뿐입니다. 마치 파도타기 응원하는 것과 같습니다. 각자 제자리에서 일어났다 앉았다 하는데도, 한꺼번에 보면 마치 물결이 옆으로 퍼지는 것처럼 보입니다.

　연못에 돌멩이를 떨어뜨려 파동이 발생하는 순간을 세심하게 관찰해 봅시다. 돌멩이가 물 표면에 떨어지는 순간 물 분자가 돌멩이에 끌려 아래로 내려갑니다. 하지만 물 분자는 원래 상태로 되돌아오려고 합니다. 마치 용수철을 당기면 용수철이 원래 모양으로 되돌아오려는 것처럼 말입니다. 용수철을 당겼다 놓으면 용수철은 위아래로 왕복운동을 하다가 멈춥니다. 이처럼 물 분자도 돌멩이가 떨어지면서 물 분자도 함께 아래로 당겨졌다가, 다시 위쪽으로 올라가면서 결과적으로 위아래로 왕복운동을 합니다. 움직이기 시작한 물 분자는 바로 옆의 물 분자를 당기고, 따라서 그 진동이 계속 옆으로 전달되는 것입니다. 이것이 바로 파도입니다.

생각하는 코너

알쏭달쏭 퀴즈

연못 위에 나무토막이 떠 있다. 연못 가운데에 돌을 던지면 나무토막은 어떻게 될까?

① 오른쪽으로 움직인다.

② 위아래로 움직인다.

③ 좌우로 움직인다.

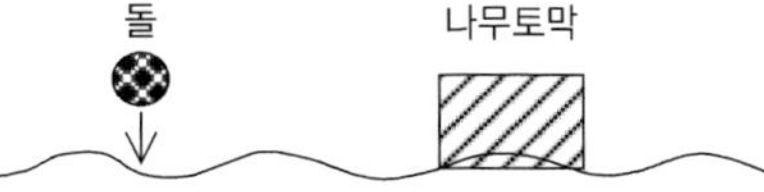

해답 ②

　물결은 옆으로 퍼지지만, 물분자는 위아래로 움직인다.

파동의 에너지 전달

파동이 발생하면 매질의 진동이 옆으로 전달됩니다. 처음 진동하는 입자가 가진 에너지는 옆으로 전달되어, 옆의 입자가 동일한 에너지를 가지고 진동합니다. 파동이 전달될 때 매질을 통해 이동하는 것은 에너지입니다.

매질은 고체일 수도 있고, 액체 혹은 기체일 수도 있습니다. 물질 입자가 진동할 때 그 입자는 에너지를 다른 물질에게로 전달합니다. 그 결과, 두 번째 입자가 첫 번째 입자와 비슷한 운동을 하는 것입니다. 대신에 첫 번째 입자는 원래 상태로 돌아갑니다. 이런 방법을 통하여 에너지는 매질을 통하여 전달됩니다.

소리는 고체, 액체, 기체 입자들의 진동에 의해 전달됩니다. 진공 속에 알람시계를 놓으면 알람 소리는 전혀 들리지 않을 것입니다. 매질이 없기 때문입니다. 하지만 물속에서는 소리가 잘 전달됩니다. 물이 매질의 구실을 하기 때문입니다. 물결파 역시 매질이 필요한 파동입니다. 매질이 필요한 이런 파동들을 역학적 파동이라고 합니다.

어떤 파동들은 매질이 없이도 전달됩니다. 빛, 전자레인지의 전자파 등의 전자기파는 매질이 없는 우주공간에서도 전달됩니다. 전자기파 전달에는 매질이 필요 없지만, 매질이 있어도 전달은 됩니다. 속도가 조금 느려질 뿐입니다.

횡파와 종파

한 사람이 긴 용수철의 한쪽 끝을 잡고 있을 때, 다른 한 사람이 반대 쪽 끝을 잡고 위아래로 흔들면, 출렁거림이 옆으로 전달됩니다. 용수철이 출렁거리는 방향은 위, 아래 방향이고 파동이 전달되는 방향은 옆입니다. 이런 형태의 파동이 횡파입니다. 횡파는 매질의 진동 방향과 파동이 진행하는 방향이 서로 수직인 파동을 말합니다. 횡파의 가장 높은 부분이 마루, 가장 낮은 부분이 골이라고 합니다. 전자기파, 물결파 등이 횡파에 속합니다.

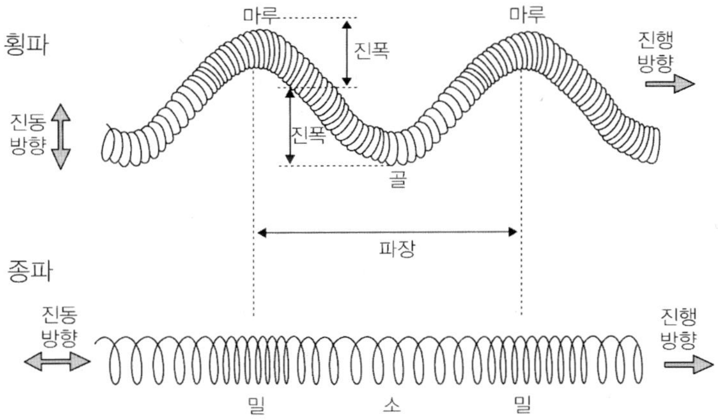

　만일 한 사람이 용수철의 한쪽 끝을 잡고 있을 때 다른 한 사람이 용수철을 앞뒤로 압축, 팽창을 시키면 용수철이 압축된 부분과 팽창된 부분의 진동이 전달됩니다. 이런 파동의 경우 매질 입자의 진동 방향은 파동이 진행하는 방향과 나란한데, 이를 종파라고 합니다. 이때 압축된 부분을 '밀', 팽창된 부분을 '소'라고 표현합니다.

　소리나 지진파의 P파는 종파의 일종입니다. 소리가 전달될 때 공기 입자는 소리가 전달되는 방향과 나란하게 진동을 합니다.

우리 주변에서 볼 수 있는 파동 현상들을 열거한 것이다. 각각의 경우가 종파인지 횡파인지 구분하여 적으시오.

(1) 잔잔한 물에 돌멩이를 떨어뜨려 물결이 생겼다.
(2) 용수철을 위아래로 출렁거리면 그 출렁거림이 옆으로 전달된다.

해답

　(1) 횡파, (2) 횡파

파동을 나타내는 방법

　파동을 나타내기 위해 마루, 골, 진폭, 파장, 진동수, 주기 등의 용어를 알아야 합니다. 물결파와 같은 파동에서 가장 높은 부분을 마루, 가장 낮은 부분을 골이라고 합니다. 진동의 중심에서 마루 혹은 골까지의 거리를 진폭이라고 합니다. 마루에서 마루까지의 거리를 파장이라고 합니다.

　매질의 진동이 얼마나 자주 일어나는가를 진동수라고 합니다. 용수철로 파동을 만들어 낼 때 손을 빨리 흔들면 1초당 진동하는 횟수가 큰, 즉 진동수가 큰 파동이 만들어집니다. 진동수의 단위는 1886년 라디오파를 발견한 헤르츠의 이름을 따서 Hz(헤르츠)입니다. 어떤 물체의 진동수를 알면 주기를 알 수도 있습니다. 진동수가 10Hz이면 1초에 10번 진동한다는 뜻이므로 주기는 1/10초입니다. 진동수와 주기는 서로 역수 관계입니다.

다음 그림은 파동을 나타낸 그림이다. 괄호 안에 알맞은 용어를 적으시오.

〈그림 19〉

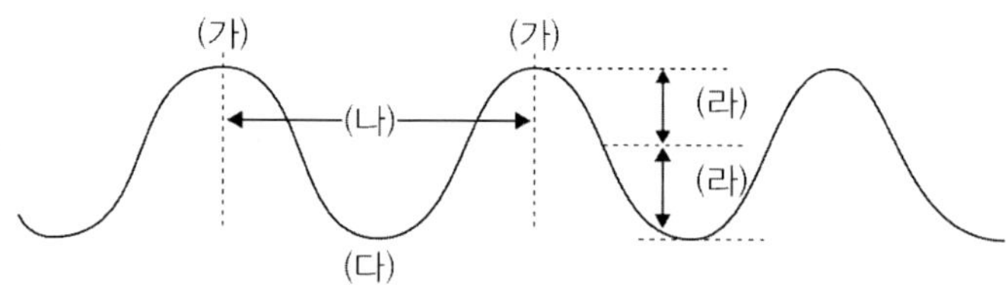

해답

(가) 마루, (나) 파장, (다) 골, (라) 진폭

파동의 반사

메아리 현상, 빈 방에서 소리가 울리는 현상 등은 소리가 장애물에 부딪쳐 반사되기 때문에 일어납니다. 거울에 얼굴이 보이고, 잔잔한 호수에 산 그림자가 생기는 것은 빛이 장애물에 부딪쳐 반사되기 때문에 일어납니다.

소리, 빛을 포함해 모든 종류의 파동은 반사합니다. 예를 들어 용수철의 한쪽 끝을 잡은 상태에서 좌우로 진동하면 횡파가 만들어집니다. 그 횡파가 벽에 부딪치는 순간 벽에서 반사되어 나오게 됩니다.

파동의 반사가 일어날 때 규칙성이 있습니다. 장애물 면에 수직인 선을 법선이라고 합니다. 진행하는 파동의 방향과 법선이 이루는 각이 입사각입니다. 반사되어 진행하는 파동의 방향과 법선이 이루는 각을 반사각이라고 합니다. 입사각과 반사각은 언제나 같습니다.

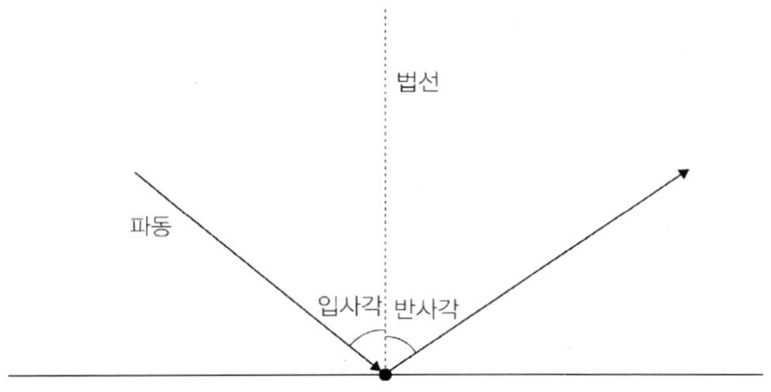

파동의 굴절

물이 들어 있는 유리컵에 젓가락을 넣으면 젓가락이 꺾여 보입니다. 젓가락에서 반사된 빛이 물 표면에서 굴절되기 때문에 일어나는 현상입니다. 파도가 해안가로 밀려올 때 방향이 휘어지는 것 역시 굴절에 따른 현상입니다.

파동이 진행할 때 매질이 바뀌면 파동의 전달 속력이 달라져 진행 방향이 꺾이게 됩니다. 이런 현상을 굴절이라고 합니다. 굴절을 일으키는 원인은 매질에 따라 파동의 진행 속도가 다르기 때문입니다.

두 사람이 나란히 서서 막대를 잡고 걷기 시작하는 경우를 생각해 봅시다. 아스팔트 위에서 걷다가 모래로 들어가면 걷는 속도가 달라집니다. 만일 두 사람이 동시에 모래로 들어온다면 방향이 꺾이지 않을 것입니다. 그러나 두 사람 중 한 사람만 모래로 들어온다면 그 사람의 속도만 느려지므로 방향이 꺾입니다.

파동이 한 물질에서 다른 물질로 진행할 때 방향이 꺾이는 이유도 위의 예와 비슷합니다. 파동이 진행하다가 파동의 한 부분이 먼저 다른 매질로 들어옵니다. 그러면 그 부분의 속력만 달라지기 때문에 방향이 꺾이게 되는 것입니다. 이런 현상을 굴절이라고 합니다.

파동의 회절

파도가 벽에 부딪치면 반사되어 되돌아옵니다. 그런데 만일 벽에 작은 구멍이 있으면 어떻게 될까요? 대부분의 파도는 반사되어 방향이 바뀌지만, 일부 파도는 그 작은 구멍을 통과하여 계속 퍼져 나갑니다. 이런 현상을 회절이라고 합니다. 회절은 구멍이나 장애물의 모퉁이에서 파도가 퍼져 나가는 현상을 말합니다.

장애물을 만난 파동이 장애물 뒤쪽까지 전달되는데 이것도 회절입니다. 문틈으로 소리가 새어 나가는 현상, 파도가 장애물 뒤쪽까지 일어나는 현상 등이 회절의 예입니다.

파장이 길면 회절이 잘 일어납니다. 예를 들어 문 뒤 사람의 모습은 보이지 않아도 목소리는 들립니다. 소리의 파장이 빛의 파장보다 훨씬 길기 때문에 소리가 회절된 것입니다. 만일 빛의 파장도 소리만큼 길어진다면 담 너머의 사람이 보이고, 문을 닫아도 안에 있는 사람의 모습이 잘 보일 것입니다.

높은 산이 있는 지형에서도 라디오 전파가 잘 전달됩니다. 회절 덕분입니다. 라디오 방송 중에는 AM(Amplitude Modulation), FM(Frequency Modulation) 방송이 있는데, AM 방송은 파장이 길어 회절이 잘 됩니다. 따라서 산 위에서는 AM 방송이 FM 방송보다 더 잘 들립니다.

■ 사람은 20~20,000Hz 범위의 소리를 들을 수 있습니다. 20,000Hz 이상이거나 20Hz 미만인 소리는 들을 수가 없습니다. 초음파는 진동수가 높아서 인간이 들을 수 없는 소리입니다. 초저음파는 진동수가 낮아서 인간이 들을 수 없는 소리입니다. 코끼리는 초저음파를 냅니다. 인간이 그 소리를 듣지 못하지만 코끼리는 10km 거리에서도 서로 대화를 나눕니다. 위험의 표시, 지휘자의 명령 등이 초저음파로 전달됩니다. 코끼리가 내는 초저음파는 파장이 길어 장애물이 많아도 회절이 잘 됩니다. 따라서 멀리까지 잘 전달됩니다.

생각하는 코너

페르미에 도전하자

성인 남자의 보통 목소리는 어느 정도의 진동수에 해당할까?

① 130Hz 정도

② 500Hz 정도

③ 1,000Hz 정도

해답 ①

평균적으로 성인 남자의 목소리는 130Hz, 성인 여자의 목소리는 250Hz 정도로 알려져 있다. 즉 성인 남자가 목소리를 낼 때 성대가 1초에 130번 정도 떨린다는 의미이다.

논술 · 서술형을 대비하라!

1. 파동이 전달될 때 매질도 함께 전달되는가?

2. 어떤 라디오파가 860Mhz이다. 이때 860Mhz라는 숫자는 무엇을 뜻하는지 쉽게 설명해 보자.

3. 박쥐는 눈이 나쁘지만 초음파를 이용해 장애물을 잘 피해 나
   간다. 어떤 원리일까?

4. 빈 방에 가면 소리가 울린다. 왜 이런 일이 일어나는지 설명
   해 보자.

5. 문틈으로 빛이나 소리가 새어나오는 이유를 설명해 보자.

해답

1. 파동이 전달될 때 매질은 제자리에서 진동할 뿐이다.
2. 진동수를 의미한다. 1MHz＝1,000,000Hz이므로 860Mhz는 1초에
   860,000,000번 진동한다는 뜻이다.
3. 초음파를 내보내고 그 파가 반사되어 되돌아오는 시간을 이용해
   장애물이 어디쯤 있는지를 알아내는 것이다.
4. 가구나 커튼 등과 같이 소리를 흡수하는 물체가 없기 때문에 반
   사가 잘 되어 소리가 울린다.
5. 회절현상이다. 빛이나 소리가 진행하다가 작은 틈을 만나면 그
   틈을 출발점으로 새로운 파동이 진행하게 된다. 이 때문에 빛이
   나 소리가 새어 나오는 것이다.

파동	진동이 전달되는 현상
횡파	매질의 진동방향이 파동의 전달방향과 수직인 파동
종파	매질의 진동방향이 파동의 전달방향과 나란한 파동
마루	파동이 진행할 때 수면파에서 가장 높은 부분
골	수면파에서 가장 낮은 부분
진폭	파동의 중심으로부터 파동의 가장 높은 점까지의 거리
파장	마루에서 이웃한 마루까지의 거리
진동수	1초에 몇 번 진동하는지 나타낸 수치. 단위는 Hz
반사	파동이 장애물에 부딪쳐 되돌아오는 현상
굴절	파동이 진행하다가 다른 매질을 만나 속력과 방향 등이 바뀌는 현상
회절	파동이 장애물의 뒤쪽까지 전달되는 현상
초음파	진동수가 너무 높아 인간이 들을 수 없는 소리

이 세상에서 가장 빠른 것은 무엇일까요? 물론 빛입니다. 어두운 밤 손전등을 켜 보면 순간적으로 주변이 환해지는 것을 느낍니다. 빛과 달리기를 해서 이길 수 있는 것은 없습니다. 빛의 속력은 300,000km/s라고 합니다. 이것은 어느 정도의 빠르기일까요?

지구에서 달까지 거리는 대략 384,000km 정도입니다. 서울에서 부산까지 거리를 대략 390km 정도라고 한다면 1000배 정도인 셈입니다. 하루에 대략 10시간씩 걸으면 서울에서 부산까지 열흘 정도 걸립니다. 만일 그 사람이 달까지 걸어가는 일에 도전한다면 며칠 정도가 걸릴까요? 대충 계산해 보면 27년 이상 걸립니다. 그런데 빛은 단 1.2초면 달에서 지구로 도달합니다. 빛의 속도는 그 정도입니다.

빛이 무엇일까?

안개 속으로 혹은 구름 사이로 태양빛이 뻗어 나가는 모습을 본 적이 있나요? 어두운 밤을 지나 아침이 되면 햇빛이 비추기 시작합니다. 사물들이 자신의 고유의 색을 나타내면서 세상은 훨씬 아름다워집니다.

예전부터 과학자들은 빛이 얼마나 빠른지, 빛이 어떻게 움직이는지 등 빛에 대하여 큰 관심을 가지고 있었습니다. 근래에 와서 빛의 속력이나 성질에 대한 많은 부분이 밝혀졌습니다. 그러나 여전히 빛의 본성이 무엇인지는 확실히 말하기가 어렵습니다. 어떤 사람은 빛이 입자라고 주장합니다. 낱낱의 알갱이들(광자)이 이동하는 것이 바로 빛이라는 주장입니다. 또 어떤 사람은 빛을 파동이라고 주장합니다. 앞서 말한 '파동이 전달될 때 에너지가 전달된다.'는 내용을 기억하지요? 빛이 전달되는 것이 바로 에너지가 전달되는 것이라는 주장입니다.

빛을 입자라고 주장하는 사람도, 빛을 파동이라고 주장하는 사람도 모두 자신의 주장을 입증하는 증거를 가지고 있습니다. 따라서 빛은 입자이기도 하면서 파동이라고 할 수 있습니다.

빛은 파동의 일종인데, 그중에서도 전자기파에 속합니다. 우리가 파동을 공부할 때 물결파, 지진파, 소리 등을 예로 들었습니다. 물결파, 지진파, 소리 등은 매질을 통해 진동이 옆으로 전달되는 파동입니다. 그런데 전자기파는 이와 다릅니다. 빛과 같은 전자기파는 전기장과 자기장이 바뀌면서 전달되는 파동입니다. 전기장이 변하면 자기장이 발생합니다. 자기장이 변하면 전기장이 발생합니다. 이런 상호작용이 옆으로 전달되는 현상이 전자기파입니다. 그래서 전자기파는 매질이 없는 공간에서도 전달됩니다. 진공 상태에서 소리는 전달되지 않습니다. 그러나 진공 중에서도 빛은 전달됩니다. 우주는 대부분 진공인데, 이 공간을 거쳐 햇빛이 지구로 전달되는 것을 보면 잘 알 수 있습니다.

과학자들은 빛보다 빠른 것을 찾기 위해 노력해 왔습니다. 그런데 아직까지 빛보다 빠른 것을 찾지 못했습니다. 진공 상태에서 빛의 속력은 30,000km/s입니다.

■ 전원을 켠 모니터와 같이 빛을 만들어 내는 물체를 광원이라고 합니다. 태양, 형광등, 촛불, 반딧불이, 번개 등이 광원에 해당합니다. 그런데 우리 주변의 대다수 물체들은 광원이 아닙니다.
낮에 텔레비전을 보면 텔레비전 주변의 테두리나 버튼, 스피커, 텔레비전이 놓인 탁자 등이 모두 보입니다. 그러나 한밤중에 불을 모두 끈 상태에서 텔레비전을 켜면 화면만 보입니다. 텔레비전 화면은 스스로 빛을 내는 물체이고 테두리, 버튼, 스피커, 탁자 등은 빛을 반사시키는 물체입니다.

페르미에 도전하자

빛은 소리에 비하여 대략 몇 배나 빠를까?

① 열 배

② 천 배

③ 백만 배

해답 ③

빛은 1초에 대략 30만 킬로미터를 이동한다. 소리는 1초에 대략 340m의 빠르기로 전달된다. 그래서 빛은 소리보다 약 100만 배 빠르다고 할 수 있다.

빛이 소리보다 빠르다는 것은 천둥이 칠 때 쉽게 알 수가 있다. 번쩍하는 번개가 치고, 잠시 후에 천둥이 울린다. 하늘에서 비행기가 날 때도 비슷한 현상을 느낀다. 비행기 소리가 날 때는 이미 비행기가 저 멀리 가 버린 상태이다.

물체를 본다는 것

우리는 눈을 통하여 물체를 봅니다. 눈을 감으면 안 보이지만 눈을 뜨면 보입니다. 눈이 하는 역할은 물체에서 나오는 빛을 받아들이는 것입니다. 물체에서 나온 빛이 눈을 통하여 신경을 자극하고, 그 자극이 뇌로 전달되어 영상을 형성하는 것입니다. 눈을 감거나 눈에 문제가 생기면 물체로부터 오는 빛을 받아들일 수 없기 때문에 볼 수가 없습니다.

광원은 직접 빛을 내기 때문에 잘 볼 수가 있습니다. 그렇다면 스스로 빛을 낼 수 없는 물체들은 어떻게 우리 눈에 보이는 것일까요?

광원이 아닌 물체는 광원에서 나오는 빛을 반사시키고, 그 반사된 빛이 우리 눈에 들어옵니다. 따라서 주변에 광원이 없다면 우린 물체들을 볼 수가 없습니다. 그래서 캄캄한 밤에는 아무것도 안 보입니다.

빛의 반사

　빛의 반사는 빛이 물체 표면에서 되튀어 나오는 현상을 말합니다. 햇빛이나 전등 빛이 물체에 닿는 순간 일부는 흡수되지만 일부는 물체 표면에서 반사되어 나옵니다.

　빛은 마치 공이 땅에서 되튀듯이 물체 표면에서 반사됩니다. 공을 수직 위에서 수직 아래로 떨어뜨리면 수직 위로 튀어 오릅니다. 그리고 수직선에서 비스듬히 기울어진 방향으로 떨어뜨리면 그 각도만큼 반대쪽으로 튕겨 나오게 됩니다. 빛도 그렇게 움직입니다. 입사각, 반사각은 다음 그림과 같습니다. 빛이 반사될 때 입사각과 반사각은 언제나 일치합니다.

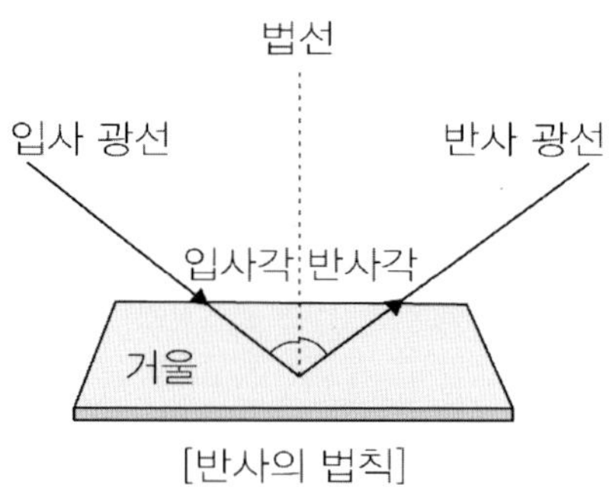

[반사의 법칙]

　거울에 자신의 얼굴이 비치는 현상, 달이 햇빛을 받아 환하게 빛나는 현상 등이 모두 빛의 반사로 인해 생깁니다. 모든 물체에 빛이 입사하면, 물체 표면에서 반사가 일어납니다. 그런데 거울과 같이 매끄러운 면에서 반사가 일어나면 입사된 빛이 모든 지점에서 일정한 각도로 반사됩니다. 이런 반사를 정반사라고 합니다. 정반사의 경우 일정한 방향으로 반사되므로 그 방향에서만 물체를 볼 수가 있습니다. 예를 들어 거울을 기울여 놓으면 자신의 모습을 볼 수가 없습니다.

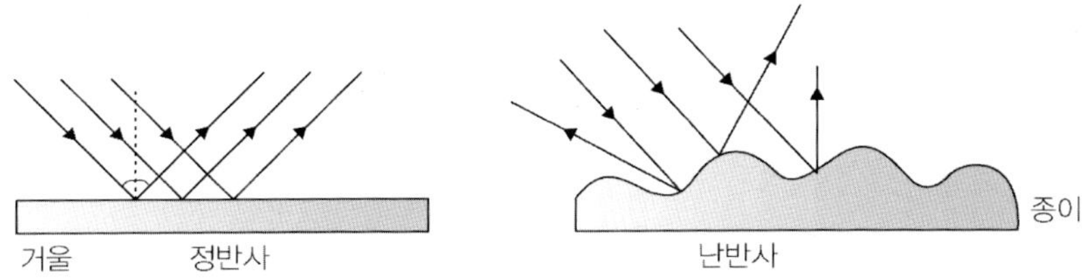

반면 벽이나 종이 등 일반적인 물체의 표면은 매우 거칩니다. 따라서 입사된 빛이 반사 후 제각기 다른 각도로 사방으로 반사됩니다. 이것을 난반사라고 합니다. 난반사의 경우 거울처럼 자신의 모습을 비추어 볼 수가 없습니다. 빛이 사방으로 반사되어 나가기 때문입니다. 그런데 대부분의 물체 표면은 이렇게 난반사를 일으키기 때문에, 그 물체를 사방에서 볼 수가 있습니다. 예를 들어 영화관 스크린은 난반사를 일으키기 때문에 영화관의 어느 좌석에서도 잘 볼 수가 있습니다.

■ 빛의 반사를 이용한 기구가 거울입니다. 거울은 유리에 금속 코팅을 처리합니다. 이때 금속 코팅의 역할이 중요합니다. 깨끗한 투명 유리면에 수직으로 입사된 빛은 4%만이 반사되는 반면, 깨끗하고 매끈하게 처리된 알루미늄이나 은 표면에 입사된 빛은 90% 반사가 됩니다.

볼록거울과 오목거울

거울에는 화장대 거울처럼 평평한 거울만 있는 것은 아닙니다. 거울면이 볼록하거나 오목한 거울도 있습니다. 이런 거울로 사람의 얼굴을 들여다보면 매우 재미있습니다. 우리가 매일 사용하는 숟가락도 이런 거울과 비슷합니다. 수저의 앞면으로 얼굴을 들여다보면 내 모습이 거꾸로 보입니다. 반면 수저의 볼록한 뒷면으로 얼굴을 보면 똑바로 보입니다. 그런데 얼굴이 좀 이상하게 보입니다.

거울면이 볼록한 거울을 볼록거울, 거울면이 오목한 거울을 오목거울이라고 부릅니다. 볼록거울에 입사한 빛과 오목거울에 입사한 빛 모두 반사의 법칙에 따라 반사됩니다.

볼록거울 앞에서 물체에서 반사되어 나온 빛이 어떻게 진행하는지 살펴봅시다. 볼록거울에서 반사된 빛은 그림처럼 진행하기 때문에 빛이 퍼져 나갑니다. 마치 볼록한 방패에 돌을 던지면 바깥쪽으로 튀어 나가는 것처럼 빛도 반사되어 퍼집니다.

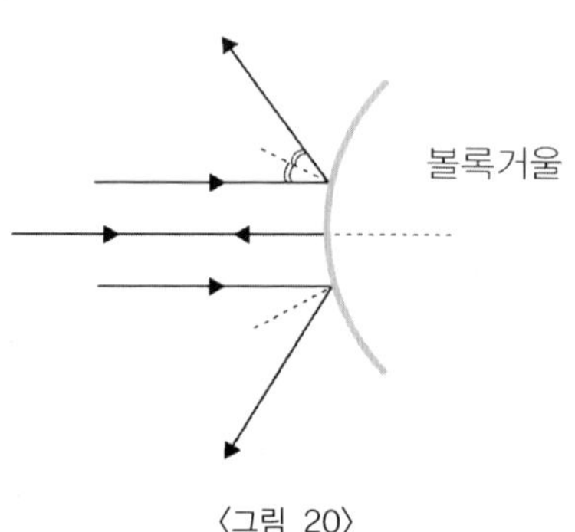

〈그림 20〉

오목거울의 경우는 빛이 안쪽으로 반사되므로 오목거울을 이용하면 빛을 모을 수가 있습니다. 올림픽이 개최될 때 그리스의 올림포스 산에서 오목거울로 햇빛을 모아 성화에 불을 붙입니다. 이 성화를 올림픽 개최지로 옮기는 것입니다.

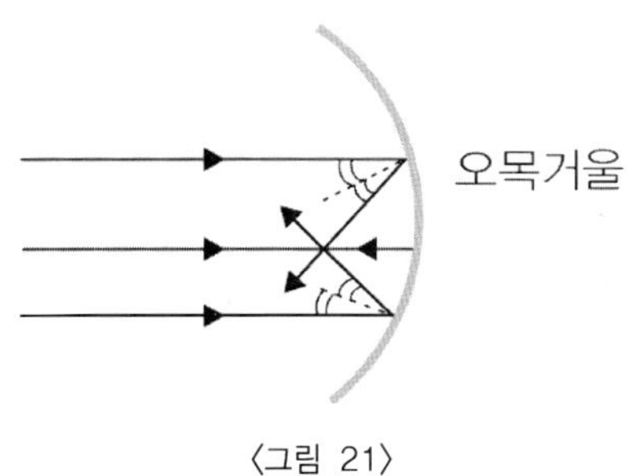

〈그림 21〉

생각하는 코너

알쏭달쏭 퀴즈

장미꽃을 보게 되는 과정을 가장 올바르게 설명한 것은?
① 장미꽃이 스스로 내는 빛이 눈에 들어오는 것이다.
② 눈에서 빛이 나와 장미꽃을 비추는 것이다.
③ 광원에서 나온 빛이 장미꽃에서 반사되어 눈으로 들어온다.

해답 ③

장미꽃은 광원이 아니다. 사람의 눈도 광원이 아니다. 스스로 빛을 낼 수 없다. 만약 한밤중에 불 꺼진 거실에 있는 장미꽃을 본다면 눈에 아무 것도 보이지 않을 것이다. 하지만 전등을 켜면 전등에 나온 빛이 장미에 반사되어 눈으로 들어와 보이게 된다.

생각하는 코너

알쏭달쏭 퀴즈

다음 중 정반사와 관련된 현상을 고르시오.

① 거울이 화장대에 올려져 있는 것을 보았다.

② 거울로 내 얼굴을 들여다보니 여드름이 보였다.

③ 거울의 테두리가 나무로 되어 있어 견고해 보였다.

해답 ②

거울로 자신의 모습을 비추어 볼 수 있는 것은 거울이 정반사를 일으키기 때문이다. 거울 자체가 어디 놓여 있는지 등을 어디에서나 볼 수 있는 것은 거울의 테두리나 기타 부분들이 난반사를 일으켜 사방으로 빛을 반사하기 때문이다.

빛의 굴절

컵 속에 젓가락을 넣으면 젓가락이 꺾여 보입니다. 시냇물에 발을 담그면 다리가 더 짧아 보입니다. 빛이 굴절하기 때문에 일어나는 현상들입니다.

굴절은 빛이 다른 물질을 지나갈 때 꺾이는 현상입니다. 굴절은 물질에 따라 빛이 진행하는 속력이 다르기 때문에 일어납니다. 빛의 속력은 진공 중에서 가장 빠릅니다. 빛이 공기에서 물로 진행할 때는 속력이 느려집니다. 과학자들에 따르면 빛은 시간이 가장 짧게 흐르는 경로를 따라 이동합니다. 빛이 공기에서 물로 진행할 때 빛의 속력이 느려지기 때문에 시간이 가능한 한 짧게 걸리도록 수직에 더 가까운 경로로 이동하는 것입니다. 따라서 빛이 공기에서 물로 진행할 때 굴절각이 입사각보다 작습니다.

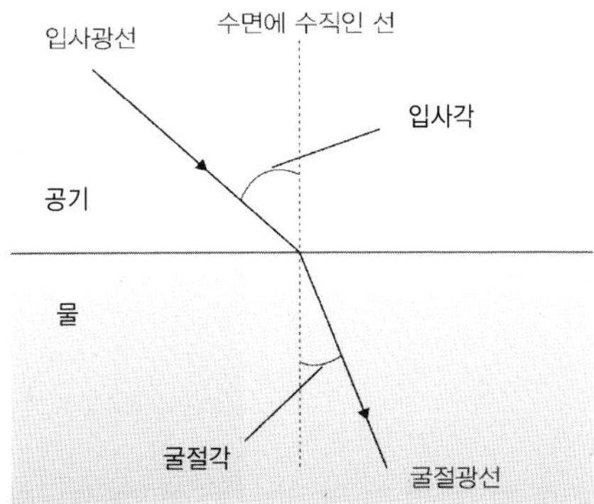

　　물 속에 동전을 넣어 보면 동전에서 반사되어 나온 빛이 물에서 공기 중으로 굴절되어 나올 때 한 번 꺾이게 됩니다. 그런데 우리의 뇌는 빛이 직진해서 온 것으로 착각합니다. 따라서 물속의 물체는 실제보다 떠 보입니다. 시냇물에 발을 담그면 다리가 짧아 보이고, 원래 깊이보다 얕게 보이는 것도 이와 같은 원리입니다.

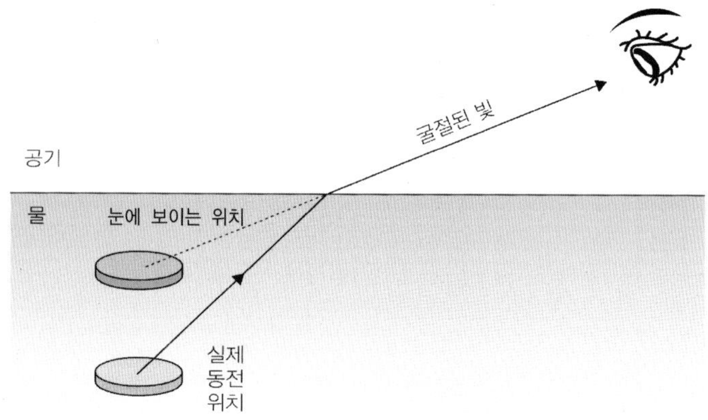

볼록렌즈와 오목렌즈

가운데가 볼록한 렌즈를 볼록렌즈, 가운데가 오목한 렌즈를 오목렌즈라고 합니다. 볼록렌즈와 오목렌즈를 통과한 빛이 어떻게 진행하는지 살펴봅시다.

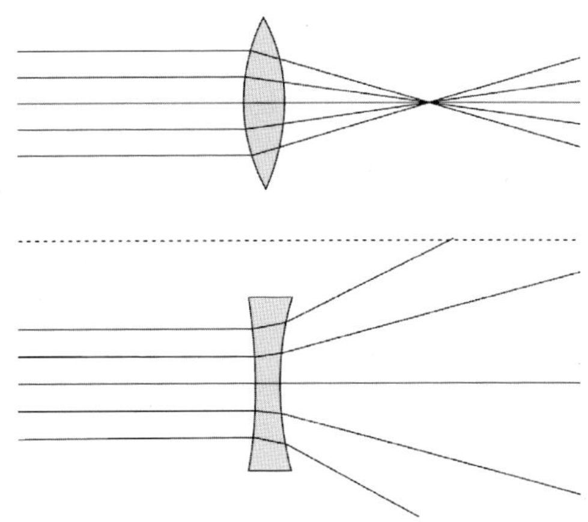

각각의 렌즈를 통과한 빛은 굴절의 법칙에 따라 진행합니다. 볼록렌즈는 빛을 모으게 하고, 오목렌즈는 빛을 퍼지게 합니다.

우리 몸에도 볼록렌즈가 있습니다. 바로 눈입니다. 눈의 구조를 들여다보면 수정체라는 투명한 부분이 있는데 눈으로 들어오는 빛을 모아 망막에 맺히게 하는 역할을 합니다. 수정체는 매우 기능이 좋은 볼록렌즈입니다. 수정체 옆에 붙은 근육이 움직이면 수정체의 두께가 조절되는데, 볼록렌즈의 두께를 조절하면 빛이 모이는 정도를 조절할 수가 있습니다.

먼 곳의 물체를 볼 때 수정체가 얇아져서 상을 망막에 맺히게 합니다. 반면 가까운 곳의 물체를 볼 때 수정체가 두꺼워져서 상이 망막에 맺히게 합니다.

근시는 가까운 곳만 잘 보이는 사람을 뜻합니다. 먼 곳의 물체를 잘 보지 못합니다. 수정체가 두꺼워져서 먼 곳에서 오는 빛이 망막 앞쪽에 상으로 맺히는 것입니다. 따라서 오목렌즈 안경을 써서 빛이 약간 멀리 퍼져 가도록 조정해야 합니다.

원시는 먼 곳만 잘 보이는 사람을 뜻합니다. 가까운 물체를 오히려 보지 못합니다. 노안이라고도 합니다. 수정체가 얇아져서 가까운 물체에서 오는 빛이 망막 뒤쪽에 맺히는 것입니다. 따라서 원시인 사람은 가까운 곳의 물체를 볼 때 볼록렌즈를 끼는 것입니다. 할머니, 할아버지께서 안경을 안 쓰시다가도 책을 읽거나 신문을 볼 때 돋보기를 찾으시는 것이 바로 그런 이유입니다.

학생들이 흔히 사용하는 근시용 안경으로 작은 글씨를 비추면 어떻게 보일까?

해답

글씨가 작아 보인다. 근시용 안경은 오목렌즈이다. 오목렌즈는 빛을 퍼지게 하며 가까운 물체는 더 작게 보인다.

페르미에 도전하자

맑은 개울물을 들여다보니 바닥의 돌이 보였다. 눈으로 보니 대충 물의 깊이는 무릎 정도 될 것 같았다. 만일 실제로 발을 넣으면 물은 어느 정도 깊이일까?

① 무릎깊이

② 허벅지깊이

③ 허리깊이

해답 ②

얕은 내도 깊게 건너라는 속담이 있다. 매사에 조심하라는 뜻이지만 과학적으로도 의미가 있는 속담이다. 왜냐하면 물을 내려다볼 때 물의 깊이가 실제보다 얕아 보이기 때문이다. 바로 굴절 때문이다. 물에서 나오는 빛이 공기 중으로 굴절할 때 굴절각은 입사각보다 크다. 따라서 물속의 바닥은 실제보다 얕아 보인다. 그렇다면 어느 정도 얕아 보일까? 대략 $\dfrac{3}{4}$ 정도이다. 즉 실제 깊이가 1m라면 75cm 정도로 느껴지는 것이다. 실제로 무릎 정도 차 보이는 물이라도 발을 넣으면 허벅지까지 올라오는 경우가 많다.

빛의 분산

여러 색깔의 빛은 각각 파장이 다릅니다. 예를 들어 보랏빛의 파장은 빨간빛의 파장보다 짧습니다. 다양한 파장의 빛이 어떤 물질을 통과할 때 굴절되는 정도는 빛의 파장에 따라 달라집니다. 파장이 짧은 보랏빛은 파장이 긴 빨간빛보다 더 많이 꺾입니다.

햇빛은 모든 종류의 빛을 포함하고 있어 백색광이라고 부릅니다. 백색광에는 햇빛, 백열등의 빛 등이 있습니다. 백색광이 프리즘을 통과하면 무지개 빛의 띠가 나타나는데, 바로 빛깔마다 굴절률이 다르기 때문에 일어나는 현상입니다. 이처럼 백색광이 물질을 통과해서 여러 빛깔의 띠가 나타나는 현상을 '분산'이라고 합니다. 비가 온 뒤 하늘에 생기는 무지개가 분산현상의 대표적인 예입니다.

빛과 색깔

　왜 딸기는 빨간색이고 바나나는 노란색일까요? 왜 유리창은 투명한 것일까요?

　빛이 물체를 만나면 반사, 흡수, 투과라는 현상이 일어납니다. 반사는 그 물체 표면에서 빛이 되튀어 나오는 현상입니다. 물체에서 반사된 빛이 우리 눈에 도달함으로써 우리는 물체를 볼 수 있습니다. 흡수는 빛의 에너지가 물체로 전달되는 현상입니다. 따라서 빛을 흡수한 물체들은 대부분 따뜻해집니다. 투과는 빛이 물체를 통과해 지나가는 것을 뜻합니다. 우리가 보는 빛은 공기를 투과한 빛입니다. 유리창의 경우 빛이 반사, 흡수, 투과되는 현상이 모두 일어납니다. 밤에 유리창을 보면 반사되는 빛 덕분에 자신의 모습을 볼 수 있습니다. 그러나 낮에는 투과되는 태양빛이 반사되는 빛보다 강해 자신의 모습이 보이지 않습니다.

　빛이 불투명한 물체에 부딪치면 어떤 빛은 흡수되고 어떤 빛은 반사됩니다. 반사된 빛만 눈으로 도달하고, 우리 눈은 반사된 빛의 색깔만을 보게 됩니다. 예를 들어 어떤 옷이 파란빛만을 반사하고 나머지는 흡수한다면, 여러분은 그 옷을 파란색으로 봅니다. '옷이 파란색'이라고 말한다면 '옷이 파란빛만 주로 반사시킨다'라는 뜻입니다.

얼룩말은 하얀 바탕에 검은 무늬가 있습니다. 하얀 바탕은 모든 종류의 빛을 반사하기 때문에 하얗습니다. 반면 검은 무늬는 모든 빛을 흡수하기 때문에 검게 보입니다. 빨간색 딸기는 빨간빛을 반사하고 다른 색은 흡수하기 때문에 빨간색입니다.

가시광이 쉽게 통과할 수 있는 물질들을 투명하다고 말합니다. 공기, 유리, 그리고 물 등이 투명한 물질들입니다. 그러나 유리 중에는 투명하지 않은 안개 유리와 같은 것도 있습니다. 그들을 반투명이라고 부릅니다. 전혀 빛이 통과하지 못하는 물질을 불투명 물질이라고 합니다. 금속, 나무, 책 같은 것입니다.

투명한 물체의 색깔은 조금 다르게 결정됩니다. 보통 창문 유리는 색이 없습니다. 모든 빛의 파장이 통과하기 때문입니다. 빨간색 색유리로 들여다보면 세상이 빨갛게 보이는데, 그것은 빨간색 색유리가 빨간색을 통과시키고 나머지는 흡수하기 때문입니다.

물음

1. 빨간색의 종이가 반사하는 빛은 무엇인가?

해답

빨간빛

2. 빨간 셀로판지를 통과하는 빛은 무엇인가?

해답

빨간빛

빛의 합성

　백색광을 얻기 위해서 모든 빛을 합성할 필요는 없습니다. 단 세 가지의 빛만으로도 백색광을 얻을 수 있습니다. 빨간빛, 초록빛, 파란빛만으로 백색광을 만들 수 있습니다. 이 빛을 빛의 3원색이라고 합니다. 컬러 모니터는 빛의 3원색과 빛의 합성을 이용한 장치입니다. 스크린은 작은 빨강, 초록, 파란 점으로 이루어져 있습니다. 각 점은 전자총을 맞을 때 빛이 나는 형광물질입니다. 빨강, 초록, 파란 점들의 강도를 잘 조절하면 모든 색의 빛을 만들어 낼 수 있습니다.

　빛의 3원색 중 두 가지 빛을 합성하면 2차 빛을 볼 수 있어요. 시안(청록), 마젠타(자홍), 노랑입니다.

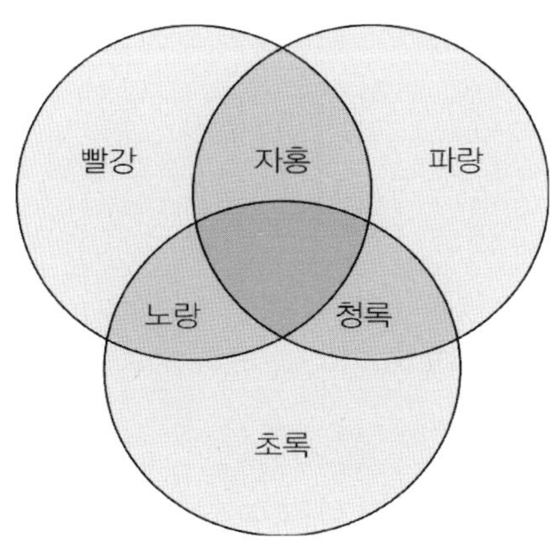

▌빨강, 녹색, 파랑의 빛만으로도 백색광이 만들어지며, 다양한 빛깔을 만들어 낼 수 있습니다. 우리 눈에 있는 원뿔모양의 시세포는 이 세 빛에 민감합니다. 빨간빛의 진동수는 초록빛, 파란빛보다 낮습니다. 파란빛의 진동수가 가장 높습니다. 빨간빛은 낮은 진동수에 민감한 원뿔세포를 자극합니다. 그러면 우리 뇌는 이를 빨간색으로 인식합니다. 마찬가지로 초록빛은 중간 영역의 진동수에 민감한 원뿔세포를, 파란빛은 높은 진동수에 민감한 원뿔세포를 자극하여 각각 초록색과 파란색으로 뇌에서 인식하게 됩니다. 어떤 빛이 세 가지 원뿔 세포 모두를 비슷하게 자극하면 흰색으로 보입니다.

생각하는 코너

페르미에 도전하자

빨간빛의 파장은 어느 정도일까?

① 0.8m

② 0.0008m

③ 0.0000008m

해답 ③

보랏빛의 파장은 대략 400nm, 빨간빛의 파장은 대략 800nm 정도라고 한다. 여기서 nm(나노미터)는 매우 작은 길이의 단위인데, 1nm＝0.000000001m에 해당한다. 빛의 파장은 이렇게 짧다.

알쏭달쏭 퀴즈

캄캄한 밤 초록색 조명으로 빨간 사과를 비추면 어떤 색으로 보일까?

해답

검은색으로 보인다. 빨간 사과는 빨간빛을 반사하고 나머지는 흡수한다. 따라서 빨간색이 포함되어 있지 않은 초록색 조명으로 비추면 반사되는 빛이 없어 검게 보일 뿐이다.

논술·서술형을 대비하라!

1. 내가 양초막대를 보는 것과 촛불을 보는 것은 빛의 전달 과정이 다르다. 어떤 점에서 다를까?

2. 물 속 동전이 실제보다 떠 보이는 이유는 무엇인가?

3. 빨간 사과는 왜 빨갛게 보이는 것일까?

4. 빨간 셀로판지는 왜 빨갛게 보이는 것일까?

5. 컬러텔레비전 모니터에는 빨강, 파랑, 초록색 형광물질이 입혀져 있다. 왜 하필이면 위의 세 가지 색깔로만 이루어져 있는 걸까?

1. 촛불은 광원이다. 따라서 촛불을 보는 것은 광원에서 발생하는 빛이 눈으로 직접 들어오는 것이다. 반면 양초막대는 다른 광원에서 오는 빛이 양초 막대에서 한번 반사된 후 우리 눈에 들어오는 것이다.
2. 굴절 때문이다. 물속 동전에서 반사되어 나온 빛은 물 밖으로 진행할 때 한 번 꺾인다. 그러나 우리 눈은 빛이 직진한다고 느끼기 때문에 실제보다 떠 보이는 것이다.
3. 사과가 빨간빛을 반사하고 나머지 빛깔은 흡수하기 때문이다.
4. 빨간색 셀로판지는 빨간빛만 통과시키기 때문이다.
5. 빨강, 파랑, 초록빛을 적절히 합성하면 모든 빛깔의 빛을 낼 수 있다.

물리나라 단어사전

반사	빛이 물체 표면에서 되튀어 나오는 현상
정반사	거울과 같이 매끄러운 표면에서 일어나는 빛의 반사로 일정한 방향으로 반사됨
난반사	거친 표면에서 일어나는 빛의 반사로 여러 방향으로 반사됨
광원	빛을 만드는 물체
굴절	빛이 종류가 다른 물질을 통과할 때 속력이 변하거나 꺾이는 현상
분산	빛이 굴절할 때 파장에 따라 굴절하는 정도가 달라 여러 가지 색으로 나뉘는 현상
회절	장애물이나 좁은 틈을 통과할 때 빛이 휘어져 진행하는 현상
삼원색	빨간색, 초록색, 파란색 빛을 합성하면 백색광이 된다. 위의 세 가지 색을 3원색이라고 한다.
백색광	모든 파장의 빛을 합한 색

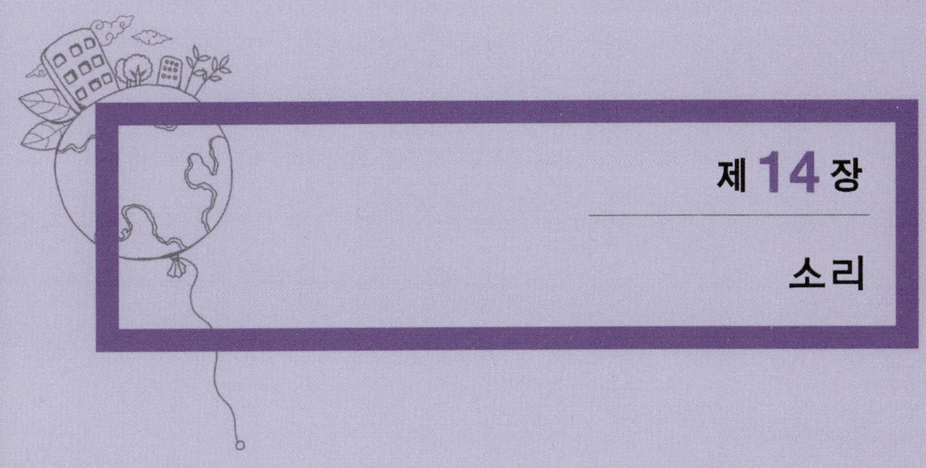

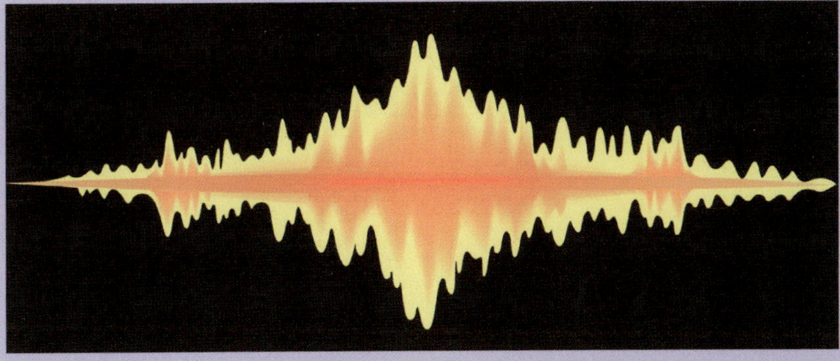

소리를 그림으로 표현하면 어떻게 보일까요? 컴퓨터에서 윈도우 미디어 플레이어(Windows Media Player)를 이용하여 음악을 틀면 화면에 위의 그림처럼 아름다운 영상이 뜹니다. 귀로만 들리는 소리를 눈으로도 즐길 수 있습니다. 만일 정말 소리가 눈으로 보인다면 어떻게 보일까요? 소리도 빛처럼 파장이 있습니다. 파장이 짧은 가시광선은 보라색, 파장이 긴 가시광선은 빨간색으로 보이듯, 소리의 경우도 파장의 길고 짧음에 따라 매우 다르게 들립니다. 이 장에서 소리의 실체에 대하여 알아봅시다.

소 리

소리는 물체의 진동으로 인해 발생합니다. 물체가 진동하면 물체 주변의 공기가 진동하게 됩니다. 그 진동이 공기와 같은 매질에 의해 전달되어 우리 고막에 다다르면, 귀의 청신경에 의해 뇌로 전달됩니다. 우리는 이것을 소리로 인식합니다.

북을 두드리면 북의 표면이 진동을 하여 소리가 발생합니다. 피아노를 치면 피아노 내부의 현들이 진동합니다. 피리나 플루트 같은 관악기의 경우, 관 내부의 공기가 진동을 하여 소리가 발생합니다. 우리의 목소리는 목 내부의 성대가 진동을 일으켜 발생하는 것입니다.

자를 책상에 놓고 한쪽 끝을 퉁겨도 소리가 납니다. 자에 힘을 작용하면 자가 휘어집니다. 이때 자는 원래대로 되돌아오려는 탄성력이 생깁니다. 자를 누르는 손가락을 떼는 순간 탄성력에 의해 자는 원래대로 되돌아옵니다. 보통의 경우 자가 원래 위치로 오면 바로 멈추지 못하고 몇 번 왕복운동을 합니다. 진동하는 것입니다. 그 진동이 소리를 일으킵니다.

병을 잡고 병 입구 쪽에서 입김을 세게 불면 소리가 납니다. 바람이 생기면서 병 입구 근처의 압력이 낮아집니다. 병 입구 쪽의 압력이 줄면, 병 속 공기의 부피가 팽창합니다. 그런데 공기도 일종의 탄성체이기 때문에 원래대로 되돌아가려고 합니다. 그 과정에서 앞서 살펴본 자처럼 바로 멈추지 못하고 진동합니다. 그 진동이 병 소리의 근원인 것입니다.

우리 귀에 들리는 수많은 소리들은 물체의 진동으로 인해 발생합니다. 책상을 두드릴 때 발생하는 소리, 줄넘기를 빨리 할 때 나는 소리 등은 모두 진동으로 인한 것입니다. 물체가 진동하여, 공기가 진동하고, 이 진동이 귀에까지 전달되는 것이 소리입니다.

생각하는 코너

페르미에 도전하자

다음 중 인간이 들을 수 있는 진동수의 소리는?

① 10Hz

② 2,000Hz

③ 50,000Hz

해답 ②

인간이 들을 수 있는 소리의 진동수는 20Hz에서 20,000Hz 범위이다. 즉 1초에 최소 20번은 진동해야 소리로 인식되기 시작한다는 뜻이다. 우리가 책상을 두드리거나 북을 두드릴 때 소리가 나는 것은 책상면이나 북 표면이 1초에 최소 20번 이상 진동했음을 의미한다.

소리의 전달

    소리의 전달방식을 보면 공기가 진동하는 방향과 소리가 전달되는 방향이 나란한 종파임을 알 수 있습니다. 만일 공기 분자가 눈에 보이기만 한다면, 소리가 어떤 방식으로 전달되는지 쉽게 이해할 수 있을 것입니다. 불행히도 공기 분자는 너무 작아 잘 보이지 않습니다. 만일 공기 분자가 보인다면 북을 두드릴 때 주변의 공기가 그림처럼 좌우로 움직이는 것이 보일 것입니다.

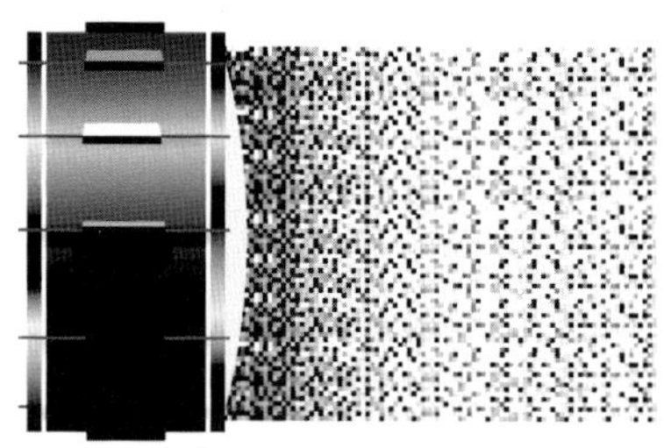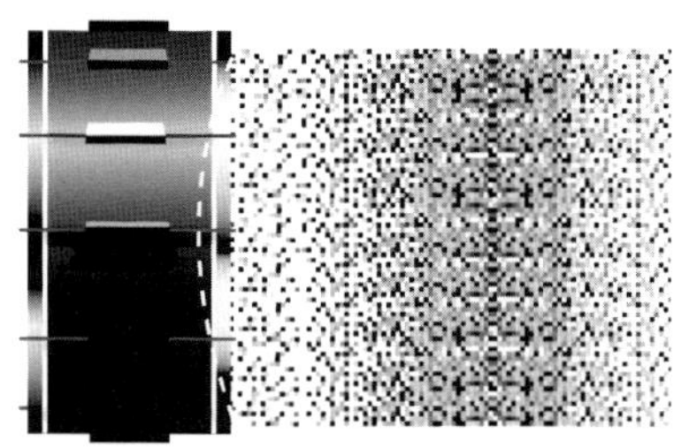

    소리는 공기와 같은 매질이 진동하여 전달되는 파동입니다. 따라서 공기와 같은 매질이 없다면 소리가 전달되지 않습니다. 만일 유리종 안에 종을 넣은 후 진공펌프로 공기를 빼어내면, 종 소리가 들리지 않습니다. 매질이 없어 소리가 전달되지 않기 때문입니다.

    소리의 속력은 공기 중에서 대략 340m/s입니다. 소리는 물과 같은 액체 속이나 나무와 같은 고체를 통해서도 잘 전달됩니다. 싱크로나이징이라는 올림픽 경기가 있습니다. 수영장에서 음악에 맞추어 무용을 하는 경기입니다. 이 경기는 물속에서도 음악 소리가 잘 전달되기 때문에 가능합니다. 소리는 물질마다 전달되는 속력이 다른데 가장 빠른 곳은 고체, 그 다음이 액체, 그리고 가장 느린 곳이 기체입니다.

소리의 속력은 빛의 속력보다 느립니다. 천둥 번개가 치는 날을 생각해 보면, 번개가 번쩍이고 난 후 천둥이 들립니다. 야구장에서 투수가 공을 날리고 타자가 공을 칩니다. 우리가 타자가 공을 치는 것을 본 이후에야 타자가 공을 친 소리가 들립니다. 빛이 소리보다 빠르기 때문입니다.

생각하는 코너

페르미에 도전하자

물속에서 소리는 1초에 얼마나 빨리 전달될까?

① 300m 정도

② 1,400m 정도

③ 5,000m 정도

해답 ②

공기(20도) 속에서 소리의 속력 344m/s 정도이다. 물(20도)에서 소리의 속력은 1,400m/s, 강철(20도)에서 소리의 속력은 5,000m/s이다.

알쏭달쏭 퀴즈

다음은 소리에 대한 여러 가지 설명이다. 맞는 설명에는 O, 틀린 설명에는 X 하시오.

1. 물체의 진동이 소리를 만든다.
2. 소리는 진공에서 전달속력이 가장 빠르다.
3. 소리가 물 속에서 전달되는 속력이 공기 중에서보다 빠르다.
4. 소리는 횡파다.

해답

1. O 물체의 진동으로 소리가 발생하는 것이다.
2. X 소리는 매질을 통해 전달된다. 진공에서라면 소리가 전달될 수 없다.
3. O 소리의 속력은 고체>액체>기체다.
4. X 소리는 종파다.

소리의 세기

북을 세게 치면 큰 소리가 나고, 살살 치면 작은 소리가 납니다. 소리의 세기가 달라지는 것입니다. 소리의 세기가 크다는 것은 소리가 전달될 때 공기가 큰 폭으로 진동한다는 뜻입니다. 즉 진폭이 큰 경우입니다. 북을 세게 치면 북 표면이 큰 폭으로 진동하고, 주변의 공기도 큰 폭으로 진동하여, 큰 소리로 들립니다.

소리가 너무 세면 귀의 고막이 손상되는 상처를 입기도 합니다. 소리 세기의 단위는 dB(데시벨)입니다. 벨이라는 단위는 알렉산더 그래험 벨(Alexander Graham Bell: 전화기의 발명자)의 업적을 기억하기 위해 그 사람의 이름을 따서 만든 것입니다. 보통 옆 사람과 대화를 하는 소리의 크기는 약 60dB 정도입니다. 사람은 120dB 이상의 큰 소리를 들으면 고통을 느끼기 시작합니다.

∎ 데시(deci)는 $\frac{1}{10}$ 을 뜻하는 기호입니다. 참고로 센티미터라고 할때 센티는 $\frac{1}{100}$ 을 뜻합니다.

페르미에 도전하자

분식점에서 학생들이 떠들면서 음식을 먹고 있다. 이 소리는 대략 몇 dB 정도일까?

① 30dB 정도

② 90dB 정도

③ 150dB 정도

해답 ②

사람들 여러 명이 떠들썩하게 이야기를 하는 것은 대략 90dB 정도의 소리의 세기에 해당한다. 이것은 공사장에서 사용하는 수동 착암기가 작동하는 소리를 1m 정도 떨어진 곳에서 듣는 경우와 비슷하다.

소리의 종류에 따른 소리 세기의 예가 다음 표에 제시되어 있습니다.

소리의 종류	소리 세기 (dB)
들을 수 있는 가장 작은 소리	0
나뭇잎이 살랑대는 소리	10
휘파람(약 1m에서 들음)	20
도로, 차가 없을 때	30
사무실, 교실	50
일상 대화(약 1m에서 들음)	60
수동 착암기(약 1m에서 들음)	90
록 그룹 콘서트	110
고통을 느끼기 시작하는 소리	120
제트 엔진(약 50m에서 들음)	130
토성 로켓(약 50m에서 들음)	200

소리의 높낮이

어린아이가 내는 높은 소리는 남자 어른의 굵은 저음 목소리와 다르게 들립니다. 피아노의 높은 음과 낮은 음 역시 다르게 들립니다. 소리의 높낮이가 달라지는 원인은 무엇일까요?

고무줄을 빈 휴지통에 달고 퉁기면 소리가 납니다. 고무줄을 더 팽팽하게 하면 높은 소리가 납니다. 고무줄을 느슨하게 하면 낮은 소리가 납니다. 피아노의 높은 음을 내는 건반 뒤로 연결된 현은 낮은 음을 내는 건반 뒤의 현보다 가느다랗습니다. 현이 가늘고 팽팽할수록 더 빠르게 진동을 일으킵니다. 진동을 빠르게 하면 높은 소리가 납니다.

소리의 높낮이는 물체의 진동수에 따라 달라집니다. 진동수가 크면 높은 소리, 진동수가 작으면 낮은 소리가 납니다. 진동수의 단위는 Hz(헤르츠)입니다. 1초에 몇 번 진동하는지를 나타냅니다. 예를 들어 60Hz는 1초에 60번 진동한다는 뜻입니다.

■ 사람이 들을 수 있는 소리의 진동수를 보통 20~20000Hz라고 합니다. 그러나 사람마다 차이가 큽니다. 어린 아이일수록 높은 소리를 잘 듣습니다. 나이가 들어감에 따라 3,000Hz 이상을 듣는 능력이 줄어듭니다. 40대의 사람들은 20대의 사람들보다 이 영역의 소리가 훨씬 크게 나야 들을 수 있습니다. 40대 이상의 사람들은 10,000Hz 이상의 소리를 거의 듣지 못합니다.

음 색

피아노의 '도' 음과 바이올린의 '도'는 동일한 세기와 동일한 높이로 낸다고 해도, 다르게 들립니다. 악기의 구조와 진동 방식에 따라 다른 소리가 나오기 때문입니다. 소리를 내는 물체가 한 가지 음을 낼 때 한 진동수의 소리만 나오는 것은 아닙니다. 실제로는 다양한 진동수의 부분음들이 생기는데 이것이 합쳐져서 하나의 소리로 들립니다. 피아노의 '도'는 아래 그림처럼 다양한 부분음들이 합쳐져서 만들어지는 것입니다.

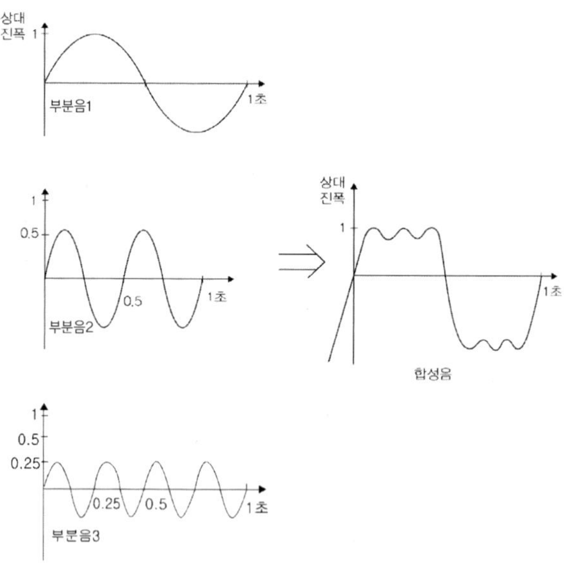

소리의 인식

소리는 공기의 진동이 전달되는 현상입니다. 그렇다면 공기의 움직임이 어떻게 우리 귀에 소리로 인식되는 것일까요?

물체가 진동하면 주변의 공기를 진동시키고, 이 공기의 진동이 사방으로 퍼져 나갑니다. 인간이 소리를 듣는다는 것은 귀에서 공기의 진동을 느끼는 것입니다. 귀에서 느낀 공기의 진동은 청신경을 통해 뇌로 전달되어 소리로 인식됩니다.

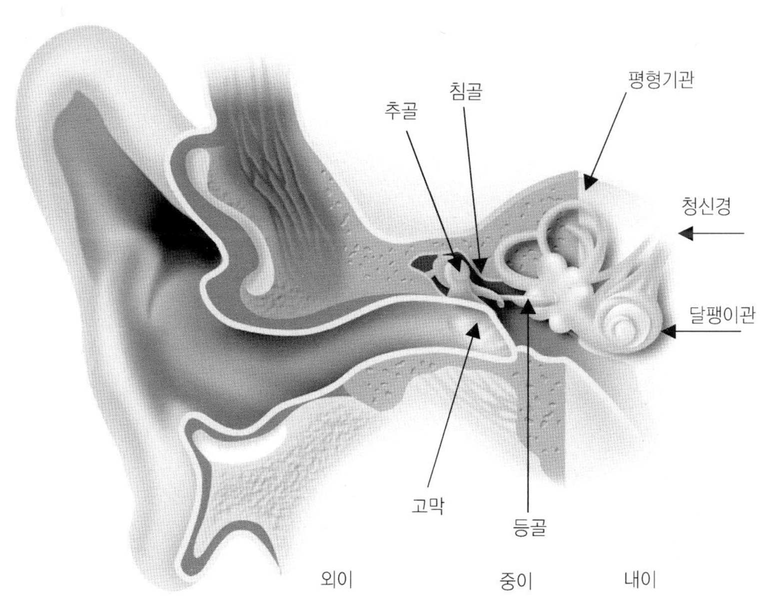

귀에서 소리는 외이, 중이, 내이를 거쳐 뇌로 전달됩니다. 귓바퀴 등 귀의 가장 바깥 부분이 외이, 가운데 부분이 중이, 가장 속에 들어가 있는 부분이 내이입니다.

외이는 귓바퀴에서 고막까지의 부분을 의미합니다. 이 부분은 음파를 모으는 역할을 합니다. 깔때기와 같은 역할을 하는 셈입니다.

중이는 귀 내부에 있는데, 이소골이라고 불리는 세 개의 뼈로 구성되어 있습니다. 추골, 침골, 등골의 뼈입니다. 이 뼈들은 귀로 들어온 소리의 진동을 증폭시키는 역할을 합니다.

내이는 달팽이관과 청신경이 있는 곳입니다. 내이는 중이에서 증폭된 소리를 전기적인 신호로 바꾸어 뇌로 전달하는 역할을 합니다. 내이의 달팽이관 속에는 액체가 차 있어서 액체의 흔들림을 통해 유모세포를 움직이고, 그 움직임으로 인해 신경이 자극을 받아 뇌로 전기 신호가 전달됩니다. 즉 외이에서 모인 소리가 고막을 울리고, 이소골에서 고막의 진동을 증폭시켜 뇌에 신호를 보내는 것입니다. 이것이 소리를 듣는 과정입니다.

■ 인간의 귀는 놀라운 능력을 지니고 있습니다. 엄청난 범위의 자극을 인식할 뿐 아니라 아주 세밀하게 구분할 수도 있습니다. 인간의 눈도 놀라운 능력을 지니긴 하였지만 귀에 비교하면 아무것도 아닙니다. 인간의 눈은 대략 옥타브 1개 정도에 불과한 영역에서 색을 구분하는 것이기 때문입니다. 만일 인간의 눈이 귀의 능력을 지녔다면 지금 구분할 수 있는 색깔보다 9배나 넓은 범위의 색을 구별해 낼 수 있습니다.

소리의 반사

　산에서 '야호'라고 소리 질렀을 때 소리가 반사되는 것을 메아리라고 합니다. 그런데 메아리는 산에서만 일어나는 것은 아닙니다. 가구가 없는 빈 방에서도 잘 일어납니다.

　표면이 딱딱하고 평평할수록 소리가 잘 반사됩니다. 만일 반사 표면이 부드럽거나 울퉁불퉁하면 소리가 반사되는 정도는 작아집니다. 소리가 반사할 때에도 반사법칙이 성립하여, 입사각과 반사각이 같습니다.

　예를 들어 초음파의 반사는 우리 주변에서 많이 사용됩니다. 물고기 떼의 흐름을 파악하고 해저 지형을 파악할 때, 초음파의 반사를 이용합니다. 배 밑으로 초음파를 쏘아 보내고 돌아오는 시간에 따라 물속의 물체나 해저의 지형을 파악하는 것입니다. 시간이 오래 걸리면 깊다는 뜻이고, 금방 반사되어 나오면 물체가 있거나 바닥이 얕다는 뜻입니다. 산모가 태아의 사진을 볼 수 있는 것도 초음파의 반사 덕분입니다. 초음파도 본질적으로는 소리입니다. 다만 진동수가 너무 높아 우리가 듣지 못한다는 차이가 있습니다.

소리가 구멍이나 문틈을 만나면 회절합니다. 거실에 TV나 오디오를 틀어 놓은 상태에서 방으로 들어가 봅시다. 방문을 닫은 채 방을 돌아다녀 봅시다. 방의 어느 곳에서도 소리가 들립니다. 그 이유는 방문과 문틀 사이에 틈이 있고, 그 틈으로 소리가 회절되어 퍼지기 때문입니다.

소리 역시 파동의 일종이라서 회절합니다. 그런데 소리의 파장은 빛보다 크기 때문에 회절이 더 잘 일어납니다. 담 너머의 사람은 보이지 않습니다. 그러나 담 너머에서 말하는 사람의 목소리를 들을 수 있습니다. 바로 소리의 회절 현상 덕분입니다.

● 논술·서술형을 대비하라!

1. 곤충이 소리를 내는 방법은 곤충마다 다르다. 어떤 것은 배를 이용하고, 어떤 것은 날개를 이용하기도 한다. 그러나 소리를 내는 방법에 공통점이 있다. 그 공통점은 무엇일까?

2. 사람의 성대는 여자와 남자가 다르다. 여자와 남자 중 누구의 성대가 더 두껍고 무거울까?

3. '인간이 소리를 듣는 것은 음원에서 나오는 공기가 귀에까지

이동한 것이다.'라는 말에서 과학적으로 틀린 점을 설명하시오.

4. 달에서는 아무런 소리를 들을 수 없다. 그 이유는 무엇일까?

5. 눈이 내린 다음 세상이 조용하게 느껴지는 이유는 무엇일까?

6. 방문이 닫힌 상태에서 방 안의 사람은 안 보여도 그 사람의 목소리를 들을 수 있다. 그 이유는 무엇일까?

해답

1. 모든 소리는 물체의 떨림(진동)을 통해 발생한다. 곤충도 마찬가지다.
2. 남자의 성대는 여자의 성대보다 두껍고 무겁기 때문에 진동수가 낮아 저음을 낸다.
3. 음원에 있던 공기가 직접 귀에까지 이동하는 것이 아니라, 공기의 진동이 옆으로 전달되는 것이다. 공기의 이동이 아니라 공기를 통해 에너지가 전달된다.
4. 매질이 없기 때문이다.
5. 눈 때문에 소리가 흡수되기 때문이다.
6. 빛보다 소리의 파장이 길어서 회절이 잘 일어난다.

● 물리나라 단어사전

소리	물체의 진동이 공기를 진동시키는 현상
소리의 세기	진폭이 클수록 소리가 세다.
음색	소리의 맵시. 동일한 '도' 음이라도 소리의 음색은 제각기 다르다.
높낮이	소리의 높고 낮음. 진동수에 따라 달라진다.
소리의 반사	소리가 장애물을 만나 부딪쳐 되돌아오는 현상
소리의 회절	소리가 모서리나 작은 틈을 지나 다시 퍼져 나가는 현상

사진 및 그림 출처

- 9쪽 그림   서울대학교사범대학부설중학교 백승윤
                             서울대학교사범대학부설중학교 박정현

- 14쪽 사진   www.wikipedia.org

- 21쪽 사진   서정아, 조광희

- 39쪽 그림   www.wikipedia.org

- 59쪽 그림   서울대학교사범대학부설중학교 유인선

- 77쪽 사진   GNU Free Document License. www.wikipedia.org

- 101쪽 그림   용문고등학교 양희찬

- 108쪽 그림   GNU Free Document License. www.wikipedia.org

- 113쪽 사진   GNU Free Document License. www.wikipedia.org

- 114쪽 그림   GNU Free Document License. www.wikipedia.org

- 123쪽 그림   세종과학고등학교 손수훈

- 157쪽 그림   서정아, 조광희

- 169쪽 사진   GNU Free Document License. www.wikipedia.org

- 189쪽 사진   서정아, 조광희

- 190쪽 사진   GNU Free Document License. www.wikipedia.org

- 239쪽 사진   (C) Microsoft

서정아 ―――――――――――――――――――――――――――――

▌약 력

　서울대학교 물리교육과 졸업
　서울대학교 대학원 과학교육과 졸업(교육학 박사)
　현) 서울대학교사범대학부설중학교 교사

조광희 ―――――――――――――――――――――――――――――

▌약 력

　서울대학교 물리교육과 졸업
　서울대학교 대학원 과학교육과 졸업(교육학 박사)
　서울 성내중학교 교사
　현) 한국과학창의재단 연구원

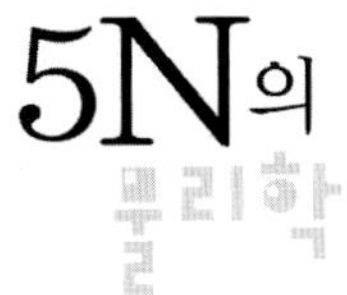

5N의 물리학

초판발행　2009년 9월 10일
초판 3쇄　2019년 1월 11일

지은이　서정아, 조광희
펴낸이　채종준

펴낸곳　한국학술정보(주)
주소　경기도 파주시 회동길 230 (문발동)
전화　031 908 3181(대표)
팩스　031 908 3189
홈페이지　http://ebook.kstudy.com
E-mail　출판사업부 publish@kstudy.com
등록　제일산－115호(2000. 6. 19)

ISBN　978-89-268-0287-8 13420 (Paper Book)
　　　　978-89-268-0288-5 18420 (e-Book)